高 等 院 校 信 息 技 术 规 划 教 材

# Web技术

聂培尧 林培光 主 编
刘杰英 张 媛 副主编

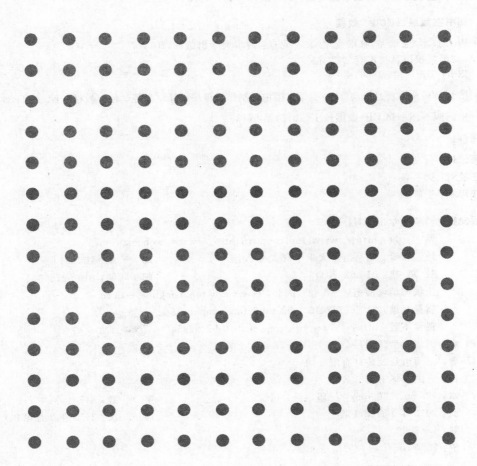

清华大学出版社
北京

## 内 容 简 介

本书共分 3 篇 13 章,以理论与实践相结合的方式介绍 Web 技术的相关知识。

第一篇包括第 1 章～第 6 章。第 1 章简单介绍 Web、Internet 等概念的基础知识,概述 HTML,然后通过一个简单的实例介绍 HTML 的使用。第 2 章系统地介绍网络体系结构概念,以及两个非常重要的参考体系结构,即 OSI 体系结构和 TCP/IP 体系结构。第 3 章介绍几种常用的网络服务器,并通过实例演示这几种网络服务器的配置和部署。第 4 章介绍 HTML 语言的工作原理,并详细说明了 HTML 文件的各种标记及其编写方法。第 5 章主要介绍 Dreamweaver 工具的使用。第 6 章讲述脚本语言 JavaScript 的基本语法,并通过实例进行演示。第二篇包括第 7 章～第 10 章。第 7 章主要讲述动态网页的基础知识以及能实现动态网页的几种技术,并对这几种主流技术做了对比。第 8 章详细介绍目前流行的 Asp. net 技术运行机制,包括开发环境的配置,开发工具 Visual Studio 2005,开发语言 C♯ 的基础语法。第 9 章详细介绍 JavaEE 的相关技术,包括 Servlet 和 JSP 等,并通过实例演示这些技术的运用。第 10 章讲述另一个可实现动态网页的技术——PHP,包括开发环境的配置及 PHP 语法基础。第三篇包括第 11 章～第 13 章。第 11 章讲述 Web 2.0 和 Web 3.0 的相关知识。第 12 章概述语义网的基本概念及其体系结构。第 13 章介绍新技术 RIA 和 HTML5 的概念及其特性。

本书适合作为高等院校信息技术方向学生的教材,也可作为 Web 技术爱好者的参考书。

**图书在版编目(CIP)数据**

Web 技术/聂培尧,林培光主编. —北京:清华大学出版社,2012.7
(高等院校信息技术规划教材)
ISBN 978-7-302-28561-8

Ⅰ. ①W…　Ⅱ. ①聂… ②林…　Ⅲ. ①主页制作—程序设计—高等学校—教材　Ⅳ. ①TP393.092

中国版本图书馆 CIP 数据核字(2012)第 071362 号

责任编辑:白立军
封面设计:付瑞学
责任校对:梁　毅
责任印制:王静怡

出版发行:清华大学出版社
　　　　网　　　址:http://www.tup.com.cn, http://www.wqbook.com
　　　　地　　　址:北京清华大学学研大厦 A 座　　　　邮　　编:100084
　　　　社 总 机:010-62770175　　　　邮　　购:010-62786544
　　　　投稿与读者服务:010-62776969, c-service@tup.tsinghua.edu.cn
　　　　质量反馈:010-62772015, zhiliang@tup.tsinghua.edu.cn
　　　　课件下载:http://www.tup.com.cn,010-62795954
印　刷　者:清华大学印刷厂
装　订　者:三河市新茂装订有限公司
经　　销:全国新华书店
开　　本:185mm×260mm　　印　张:14.75　　　　字　　数:347 千字
版　　次:2012 年 7 月第 1 版　　　　　　　　　　印　　次:2012 年 7 月第 1 次印刷
印　　数:1～3000
定　　价:25.00 元

产品编号:045867-01

　　我们能够使用网络或者说网络能够为我们提供信息服务，首先必须感谢信息的传输媒介——因特网，信息的正常接收及发送必须使用可行的机制（Web服务机制）来完成，信息的展现不但要准确而且要友好，因此必须遵守一致的规则（HTML）。在网络中只有大家都遵循相同的标准，才能方便、快速地交换信息，因此作为信息传输媒介，网络应该有规范的体系结构和需要共同遵守的标准。

　　通俗地讲，信息（服务）的发送方叫服务器，接收方叫客户机。网络中丰富多彩的服务，正是各种服务器作用的结果。例如下载文件需要的FTP服务器，收发邮件使用的E-mail服务器都是网络服务器。

　　网页的千奇百怪，绚丽多姿离不开HTML，超文本标签语言除了提供统一的页面呈现标准外，还提供了各式各样的界面友好性操作。有了HTML就可以方便地浏览服务器所提供的信息，但HTML本身却是静态的。我们平时在网页上所看到的丰富动态效果应该归功于脚本语言，脚本语言可以方便地控制网页的静态元素，更重要的是脚本方便了客户端与服务器的交互，其实，第二代Web的工程就是脚本，或者说是JavaScript（最流行的脚本语言）。可以说是JavaScript使网页"动"了起来。目前较为流行的动态网页技术有ASP．NET、JSP和PHP等。

　　在单一操作系统已不再控制市场的今天，Web技术的跨平台性显得尤为突出。Java就是其中的佼佼者。开源流行的今天，Java集思广益，博众家之所长，成为当今发展最快的编程语言，JavaEE更是得到广大企业的青睐。Java的Web技术可以说一直处于跑步状态，从最初的Servlet到JSP，到现在的Struts2和Spring2。Java Web的开发越来越方便，越来越易于扩展。

　　从以门户网站为主的Web 1.0到服务器客户端交互的Web 2.0，Web的发展趋向于人性化。应该说现在人与Web的交流还停留在人与计算机的交流状态。Web不能理解人的语言，而能理解人类语言第三代Web——语义网将是未来Web发展的方向。

本书分为三个部分：基础篇、专业篇和新技术篇。在各章节中分别介绍了与上述 Web 技术相关的基础知识，本书涉猎很广并对各个知识面做了详尽而准确的描述，不仅可以作为了解 Web 技术知识的通识教育教材，也可以作为学习 Web 编程技术开发的自学教材。

作者在写作过程中，得到了同事们的大力帮助，也从互联网上受益匪浅；同时，本书的完成也得到了研究生胡耀斌、赵朋飞和赵琳的大力帮助，在此对他们一并表示感谢。

由于作者水平有限，书中存在失误在所难免，恳请读者批评指正。

编　者

2012 年 4 月

# 目录

*Contents*

## 第一篇 基 础 篇

# 第二篇 专 业 篇

# 第一篇

## 基 础 篇

第一篇为基础篇，共包括 6 章，主要讲述与 Web 技术相关的基础知识。从 Web、Internet 等基础概念入手，循序渐进地展开介绍了 Web 的工作原理、网络体系结构及协议、常用的网络服务器及配置部署方法、HTML 标记语言的基本语法、网页编辑工具 Dreamweaver 的使用以及 JavaScript 脚本语言的基本语法和实例，是学习 Web 技术和 Web 编程开发必须掌握的基础知识。

第一篇

基础篇

本篇为基础篇，共包括两章。第一章介绍Web基础相关的基础知识，从Web Internet 的基本概念入手，循序渐进地介绍了Web的工作原理、浏览器相关技术及常用的服务器及工具等等，第二章介绍HTML语言的基础知识，简要而实用地阐述了HTML、CSS、JavaScript 等技术以及它们之间的关系，是学习Web技术和Web设计开发必须具备的基础。

# 第1章

# 什么是 Web、Internet 和 HTML

随着计算机和网络技术应用的普及，了解其相关知识是必要的。本章重点介绍网络技术的基础知识。

## 1.1  Web

Web 本义是蜘蛛网或网的意思，现广泛译为网络、互联网。它表现为三种形式，即超文本（Hypertext）、超媒体（Hypermedia）、超文本传输协议（HTTP）。

Web 在不同的领域有着不同的含义。对于普通的用户来说，Web 仅仅只是一种环境——互联网的使用环境、氛围、内容等；而对于网站制作、设计者来说，它是一系列技术的复合的总称（包括网站的前台布局、后台程序、美工、数据库领域等的技术概括性的总称）。

### 1.1.1  Web 基本简介

最早的网络构想可以追溯到 1980 年蒂姆·伯纳斯·李构建的 ENQUIRE 项目。这是一个类似维基百科的超文本在线编辑数据库。尽管这与现在使用的万维网大不相同，但是它们有许多相同的核心思想，甚至还包括一些伯纳斯·李在万维网之后的下一个项目（语义网）中的构想。

1989 年 3 月，伯纳斯·李撰写了"关于信息化管理的建议"一文，文中提及 ENQUIRE 并且描述了一个更加精巧的管理模型。1990 年 11 月 12 日，他和罗伯特·卡里奥（Robert Cailliau）合作提出了一个更加正式的关于万维网的建议。1990 年 11 月 13 日，他在一台 NeXT 工作站上写了第一个网页以实现他文中的想法。

在那年的圣诞假期，伯纳斯·李制作了网络工作所必需的工具：第一个万维网浏览器（同时也是编辑器）和第一个网页服务器。

1991 年 8 月 6 日，他在 Alt. Hypertext 新闻组上贴了万维网项目简介的文章。这一天也标志着因特网上万维网公共服务的首次亮相。

万维网中至关重要的概念是超文本，它起源于 1960 年的几个老项目。例如，泰德·尼尔森（Ted Nelson）的仙那都项目（Project Xanadu）和道格拉斯·英格巴特（Douglas

Engelbart)的 NLS,而这两个项目的灵感都是来源于万尼瓦尔·布什在其 1945 年的论文"和我们想的一样"中为微缩胶片设计的"记忆延伸"(Memex)系统。

蒂姆·伯纳斯·李的另一个才华横溢的突破是将超文本嫁接到因特网上。他曾一再向这两种技术的使用者们建议它们的结合是可行的,但是却没有任何人响应他的建议,他最后只好自己解决了这个计划。他发明了一个全球网络资源唯一认证的系统——统一资源标识符。

万维网和其他超文本系统有很多不同之处:

(1)万维网上需要单向连接而不是双向连接,这使得任何人可以在资源拥有者不作任何行动的情况下链接该资源。和早期的网络系统相比,这一点对于减少实现网络服务器和网络浏览器的困难至关重要,但它的副作用是产生了坏链的慢性问题。

(2)万维网不像某些应用软件(如 HyperCard),它不是私有的,这使得服务器和客户端能够独立地发展和扩展,而不受许可限制。

1993 年 4 月 30 日,欧洲核子研究组织宣布万维网对任何人免费开放,并不收取任何费用。两个月之后 Gopher 宣布不再免费,造成大量用户从 Gopher 转向万维网。

万维网联盟(World Wide Web Consortium,W3C),又称 W3C 理事会,1994 年 10 月在麻省理工学院计算机科学实验室成立。建立者是万维网的发明者蒂姆·伯纳斯·李。

## 1.1.2　Web 的特点

### 1. Web 是图形化的和易于导航的(**Navigate**)

Web 非常流行的一个很重要的原因在于它可以在一页上同时显示色彩丰富的图形和文本。在 Web 之前 Internet 上的信息只有文本形式。Web 具有将图形、音频、视频信息集合于一体的特性。同时,Web 是非常易于导航的,只需要从一个链接跳到另一个链接,就可以在各页各站点之间进行浏览了。

### 2. Web 与平台无关

无论系统平台是什么,都可以通过 Internet 访问 WWW。浏览 WWW 对系统平台没有限制。无论是 Windows 平台、UNIX 平台、Macintosh 还是其他平台都可以访问WWW。对 WWW 的访问是通过一种叫做浏览器(Browser)的软件实现的,如 Netscape的 Navigator、NCSA 的 Mosaic、Microsoft 的 Internet Explorer 等。

### 3. Web 是分布式的

大量的图形、音频和视频信息会占用相当大的磁盘空间,甚至无法预知信息的多少。对于 Web 没有必要把所有信息都放在一起,信息可以放在不同的站点上。只需要在浏览器中指明这个站点就可以了。使物理上并不一定在一个站点的信息在逻辑上一体化,从用户来看这些信息是一体的。

**4. Web 是动态的**

由于各 Web 站点的信息包含站点本身的信息,信息的提供者可以经常对站上的信息进行更新,如某个协议的发展状况,公司的广告等。一般各信息站点都尽量保证信息的实时性。所以 Web 站点上的信息是动态的,经常更新的。这一点由信息的提供者保证。

**5. Web 是交互的**

Web 的交互性首先表现在它的超链接上,用户的浏览顺序和所到站点完全由他自己决定。另外通过 Form 的形式可以从服务器方获得动态的信息。用户通过填写 Form 可以向服务器提交请求,服务器可以根据用户的请求返回相应信息。

### 1.1.3　Web 的工作原理

要想进入万维网上的一个网页,或者其他资源网络,首先要在浏览器中输入想访问网页的统一资源定位符(Uniform Resource Locator,URL),或者通过超链接方式链接到那个网页或网络资源。之后的工作首先是 URL 的服务器名部分,被名为域名系统的分布于全球的因特网数据库解析,并根据解析结果决定进入哪一个 IP 地址(IP Address)。

接下来的步骤是为所要访问的网页,向在那个 IP 地址工作的服务器发送一个 HTTP 请求。在通常情况下,HTML 文本、图片和构成该网页的一切其他文件很快会被逐一请求并发送回用户。

网络浏览器接下来的工作是把 HTML、CSS 和其他接收到的文件所描述的内容,加上图像、链接和其他必需的资源显示给用户。这些就构成了所看到的“网页”。

大多数网页自身包含超链接指向其他相关网页,可能还有下载、源文献、定义和其他网络资源。像这样通过超链接,把有用的相关资源组织在一起的集合,就形成了一个所谓的信息的“网”。这个网在因特网上被方便使用,就构成了最早在 1990 年代初蒂姆·伯纳斯·李所说的万维网。

## 1.2　Internet

目前 Internet 以其使用广泛、操作便捷而成为网络的代名词,并已渗透到人们的生产、生活、学习的各个角落。熟练掌握和运用 Internet 直接关系人们能否胜任新的工作和日新月异的新生活。

### 1.2.1　Internet 基本概念

对于 Internet,1995 年美国联邦网络理事会给出如下定义:

(1) Internet 是一个全球性的信息系统。

(2) 它是基于 Internet 协议及其补充部分的全球唯一一个由地址空间逻辑连接而成

的系统。

（3）它通过使用 TCP/IP 协议组及其补充部分或其他 IP 兼容协议支持通信。

（4）它公开或非公开地提供使用或访问存在于通信和相关基础结构的高级别服务。

简言之，Internet 主要是通过 TCP/IP 协议将世界各地网络连接起来，实现资源共享、提供各种应用服务的全球性计算机网络，国内一般称为因特网或国际互联网。

## 1.2.2　Internet 的发展过程

### 1. Internet 的发展阶段

Internet 的发展经历了研究实验、实用发展和商业化三个阶段。

（1）研究实验阶段（1968—1983）

此阶段是 Internet 的产生阶段。Internet 起源于 1969 年建成的 ARPAnet，并在此阶段以它为主干网。到 1983 年，ARPAnet 分成两部分，即公众用 ARPAnet 和军用 Milnet。

ARPAnet 最初采用"主机"协议，后改用"网络控制"协议。直到 1983 年，ARPAnet 上的协议才完全过渡到 TCP/IP。美国加利福尼亚伯克利分校把该协议作为其 BSD UNIX（Berkeley Software Distribution UNIX）的一部分，使得该协议流行起来，从而诞生了真正的 Internet。

ARPAnet 的分散机制、低崩溃、高生存性使其从单纯用于军事通信目的的实验网络，发展成为世界范围的计算机通信网。

（2）实用发展阶段（1984—1991 年）

此阶段的 Internet 以美国国家科学基金网（NSFnet）为主干网。1986 年，美国国家科学基金会（National Science Foundation，NSF）利用 TCP/IP 协议，在 5 个科研教育服务超级计算机中心的基础上建立了 NSFnet 广域网。其目的是共享所拥有的超级计算机，推动科学研究发展。从 1986 年到 1991 年，连入 NSFnet 的计算机网络从 100 多个发展到 3000 多个，极大地推动了 Internet 的发展。与此同时，ARPAnet 逐步被 NSFnet 替代。到 1990 年，ARPAnet 退出了历史舞台，NSFnet 成为 Internet 的骨干网，作为 Internet 远程通信的提供者而发挥着巨大作用。

到了 20 世纪 90 年代初期，Internet 事实上已成为一个"网中网"。各个子网分别负责自己的建设和运行费用，而这些子网又通过 NSFnet 互联起来。这个阶段 Internet 主要由政府出资、维护与运营，大量子网连入 Internet 提供非商业化服务。

（3）商业化阶段（1991 年至今）

在 20 世纪 90 年代以前，Internet 的使用一直仅限于研究与学术领域，随着 Internet 规模的迅速扩大，Internet 中蕴藏的巨大商机逐渐显现出来。

1991 年，美国的三家公司 General Atomics、Performance Systems International、UUnet Technologies 开始分别经营自己的 GERFnet、PSInet 及 ALTERnet 网络，可以在一定程度上向客户提供 Internet 联网服务和通信服务。它们组成了"商用 Internet 协会"（Commercial Internet Exchange Association，CIEA），该协会宣布用户可以把他们的

Internet 子网用于任何的商业用途。由此,商业活动大范围展开。

1995 年 4 月 30 日,NSFnet 正式宣布停止运作,转为研究网络,代替它维护和运营 Internet 骨干网的是经美国政府指定的三家私营企业:Pacific Bell、Ameritech Advanced Data Services and Bellcore 以及 Sprint。至此,Internet 骨干网的商业化彻底完成。

到 2009 年底,全球大约 26％的人使用互联网,同时在移动技术蓬勃发展的推动下,今年全球移动上网的用户数量有望达到 50 亿。Internet 已成为世界上信息资源最丰富的计算机公共网络,是全球信息高速公路的基础。

**2. 中国 Internet 的发展**

到目前为止,因特网在我国已经得到初步发展。回顾我国因特网的发展,可以分为两个阶段。

(1) 与因特网电子邮件的连通

1988 年 9 月从中国学术网络(China Academic Network,CANET)向世界发送了第一封电子邮件,标志着我国开始进入因特网。CANET 是中国第一个与国外合作的网络,使用 X.25 技术,通过德国 Karlruhe 大学的一个网络接口与 Internet 交换 E-mail。

1990 年,CANET 在 InterNic 中注册了中国国家最高域名 CN。1990 年,中国研究网络(China Research Network,CRN)建成,该网络同样使用 X.25 通过 RARE 与国外交换信息,并连接了 10 多个研究机构。

(2) 与因特网实现全功能的 TCP/IP 连接

1989 年,原中国国家计划委员会和世界银行开始支持一个称为“国家计算设施”(National Computing Facilities of China,NCFC)的项目,该项目包括一个超级计算机中心和三个院校网络,即中国科学院网络(CASnet)、清华大学校园网(Tunet)和北京大学校园网(Punet)。1993 年底这三个院校网络分别建成。

1994 年 3 月,开通了一个 64Kbps 的国际线路连到美国。1994 年 4 月,路由器开通,正式接入了因特网,使 CASnet、Tunet 和 Punet 用户可对因特网进行全方位访问。与此同时,1993 年 3 月,中国科学院(CAS)高能物理研究所(IHEP)开通了一条 64Kbps 的国际数据信道,连接中科院高能所和美国斯坦福线性加速器中心(SLAC),运行 DECnet 协议。虽然当时不能直接提供完全的因特网功能,但经 SLAC 机器的转接,可以与因特网进行 E-mail 通信。这些全功能的连接,标志着我国正式加入了因特网。

## 1.2.3　Internet 的主要功能

Internet 自其产生、发展以来,随着技术的逐步更新、人们需求的变化和社会变革,它的功能和应用也在不断扩展,目前其主要功能有如下 7 个方面。

(1) 共享全球信息资源宝库。Internet 中信息资源可谓是应有尽有,涉及商业、金融、医疗卫生、科研教育、休闲娱乐、热点新闻时事等诸多方面,而且跨越国界、全球共享,用户足不出户亦可知晓天下事。同时,Internet 的信息服务功能也为人们提供了一扇让外界了解自己的窗口,在这个信息发布海洋中,众多大学、科研机构、政府部门、企事业单位、团体个人都设立了图文并茂、内容独特、不断更新的 Web 站点,进行全方位展示和对外宣传。

总之,Internet 缩短了时空距离,大大加快了信息的传递,使得社会的各种资源得以共享。

(2) 便利的通信服务。Internet 提供了诸如 E-mail、聊天室、网络寻呼等一系列方便快捷和便宜的通信服务,显示出了其强大的魅力。因此 Internet 是一个交流的平台,特别是多媒体技术的应用,如实时文字交谈、网络 IP 电话、网上桌面会议、在线试听等更让它成为人们生活中不可缺少的有力工具。

(3) 快捷的电子服务。Internet 连通了产品开发商、制造商、经销商和消费者,不但使他们之间的信息传输迅速高效,而且为企业提供了巨大的市场潜力和商业机遇。在这个经济飞速发展的社会,Internet 为企业创造了竞争力,为个人提供了极大便利。电子商务使人们可以通过网络购物、支付手机话费、进行证券交易、了解股市行情等。

(4) 丰富的远程教育。Internet 远程教育实现了教育资源的共享,扩大了高水平教育的覆盖面,增加了学习机会。学生可以通过计算机接入到 Internet 上的教学站点,自主学习有关专业课程,并参加联网考试来完成学业。这种网上教学不受时间、地点以及面对面统一教学模式的限制,学生可自行安排学习内容、学习进度等,由被动学习变为主动学习,还可通过网络巩固、更新和提高自己,是一种个性化的教学模式,较好地实现了继续教育和终身教育。

(5) 即时的医疗服务。在医疗方面 Internet 也起着不可忽视的作用。患者可以利用 Internet 求医、挂号、预约门诊、预订病房、在线诊断,也可以进行医疗咨询,获得专家答疑;通过 Internet,医生可以迅速获得患者的病史资料,普通医院也可得到专家帮助,还可实现不同地点的多位专家网上会诊。

(6) 公开的政府工作。政府在 Internet 上公布政府部门的职能、机构组成、工作程序,为公众与政府之间办理事务提供方便。各级政府之间通过 Internet 可相互联系、传递公文、协调工作,从而提高工作效率。政府在网上发布各种文件、资料、档案、通告、政策,供公众查询。这不仅方便了群众,提高了各种资料的利用率,而且也提高了政府政策的透明度。Internet 为政务公开提供了一个平台,为公众提供了一个反映意愿、与政府对话的渠道。

(7) 动感的娱乐项目。Internet 向人们提供了丰富多彩的娱乐形式和内容,包括最新影视动态、在线电影、电视、广播,下载各种音像制品等。此外,大量的网络游戏以其多人参与、互相协作、场景逼真而成为更具刺激更具吸引力的娱乐项目。

## 1.2.4  Internet 的结构与组成

Internet 由硬件和软件两大部分组成,硬件主要包括通信线路、路由器和主机,软件部分主要是指信息资源。

(1) 通信线路。通信线路是 Internet 的基础设施,各种各样的通信线路将网络中的路由器、计算机连接起来,可以说没有通信线路就没有 Internet。通信线路归纳起来主要有两类:有线通信线路(如光缆、铜缆等)和无线通信线路(如卫星、无线电等),这些通信线路有的是公用数据网提供的,有的是单位自己建设的。

（2）路由器。路由器是 Internet 中极为重要的设备，它是网络与网络之间连接的桥梁，负责将数据由一个网络送到另一个网络，它根据数据所要到达的目的地，通过路径选择算法为数据选择一条最佳的输出路径。

（3）主机。计算机是 Internet 中不可缺少的成员，它是信息资源和服务的载体。接入 Internet 的计算机既可以是巨型机，也可以是一台普通的 PC 或笔记本，所有连接在 Internet 上的计算机统称为主机。

主机按其在 Internet 中扮演的角色不同，可分为两类，即服务器（Server）和客户机（Client）。服务器就是 Internet 服务和信息资源的提供者，而客户机则是这些服务和信息资源的使用者。服务器借助服务器软件向用户提供服务和管理信息资源，用户通过客户机装载的访问软件访问 Internet 上的服务和资源。

（4）信息资源。信息资源是用户最关心的问题，Internet 中存在多种类型的资源，例如文本、图像、声音、视频等。可以说，没有信息资源，Internet 就失去了它的吸引力，正是丰富的资源共享，才使得 Internet 蓬勃发展。

# 1.3　HTML

在各种 Web 开发技术中，HTML 无疑是最为基础的，本节介绍 HTML 的基础知识，关于 HTML 更详细的介绍见第 4 章。

## 1.3.1　HTML 基本简介

HTML（Hyper Text Mark-up Language）即超文本标记语言或超文本链接标识语言，是目前网络上应用最为广泛的语言，也是构成网页文档的主要语言。HTML 文本是由 HTML 命令组成的描述性文本，HTML 命令可以说明文字、图形、动画、声音、表格、链接等。HTML 的结构包括头部（Head）、主体（Body）两大部分，其中头部描述浏览器所需的信息，而主体则包含所要说明的具体内容。

## 1.3.2　HTML 标准的版本历史

超文本标识语言（第一版）——在 1993 年 6 月为互联网工程工作小组（IETF）工作草案发布（并非标准）。

HTML 2.0——1995 年 11 月作为 RFC 1866 发布，在 RFC 2854 于 2000 年 6 月发布之后被宣布已经过时。

HTML 3.2——1996 年 1 月 14 日，W3C 推荐标准。

HTML 4.0——1997 年 12 月 18 日，W3C 推荐标准。

HTML 4.01（微小改进）——1999 年 12 月 24 日，W3C 推荐标准。

ISO/IEC 15445:2000（ISO HTML）——2000 年 5 月 15 日发布，基于严格的 HTML 4.01 语法，是国际标准化组织和国际电工委员会的标准。

XHTML 1.0——发布于 2000 年 1 月 26 日，是 W3C 推荐标准，后来经过修订于

2002 年 8 月 1 日重新发布。

XHTML 1.1——于 2001 年 5 月 31 日发布(XHTML 2.0,W3C 工作草案)。

HTML 没有 1.0 版本是因为当时有很多不同的版本。有些人认为蒂姆·伯纳斯·李的版本应该算初版,这个版本没有 IMG 元素。当时被称为 HTML＋的后续版的开发工作于 1993 年开始,最初是被设计成为"HTML 的一个超集"。第一个正式规范为了和当时的各种 HTML 标准区分开来,使用了 2.0 作为其版本号。HTML＋的发展继续下去,但是它从未成为标准。

HTML 3.0 规范由当时刚成立的 W3C 于 1995 年 3 月提出,提供了很多新的特性,例如表格、文字绕排和复杂数学元素的显示。虽然它是被设计用来兼容 2.0 版本的,但是实现这个标准的工作在当时过于复杂,在草案于 1995 年 9 月过期时,标准开发也因为缺乏浏览器支持而中止了。3.1 版从未被正式提出,而下一个被提出的版本是开发代号为 Wilbur 的 HTML 3.2,去掉了大部分 3.0 中的新特性,但是加入了很多特定浏览器,例如 Netscape 和 Mosaic 的元素和属性。HTML 对数学公式的支持最后成为另外一个标准 MathML。

HTML 4.0 同样也加入了很多特定浏览器的元素和属性,但是同时也开始"清理"这个标准,把一些元素和属性标记为过时的,建议不再使用它们。HTML 的未来和 CSS 结合会更好。

1997 年 HTML 3.2 版已经极大丰富了 HTML 功能。1997 年 12 月推出的 HTML 4.0 版将 HTML 语言推向一个新高度,该版本倡导了两个理念:

(1) 将文档结构和显示样式分离。

(2) 更广泛的文档兼容性。

由于同期 CSS 层叠样式表的配套推出,更使得 HTML 和 CSS 的网页制作能力达到前所未有的高度。

1999 年 12 月,W3C 网络标准化组织推出改进版的 HTML 4.01,该语言相当成熟可靠,一直沿用至今。

HTML 4.01 相比先前的版本在国际化设置,提高兼容性,样式表支持,以及脚本,打印方面都有所提高。

2007 年 HTML 5 草案被 W3C 接纳,并成立了新的 HTML 工作团队。

2008 年 1 月 22 日第一份正式 HTML 5 草案发布。

HTML 5 增加了更多样化的 API,提供了嵌入音频、视频、图片的函数、客户端数据存储,以及交互式文档。其他特性包括新的页面元素,例如＜header＞、＜section＞、＜footer＞以及＜figure＞。HTML 5 通过制定如何处理所有 HTML 元素以及如何从错误中恢复的精确规则,改进了互操作性,并减少了开发成本。一些新的元素和属性,反映典型的现代用法网站。其中有些是技术上类似＜div＞和＜span＞标签,但有一个含义,例如＜nav＞(网站导航块)和＜footer＞。这种标签将有利于搜索引擎的索引整理和视障人士使用。同时为其他浏览要素提供了新的功能,通过一个标准介面,如＜audio＞和＜video＞标记。

一些过时的 HTML 4 标记将取消。其中包括纯粹显示效果的标记,如＜font＞和

<center>，因为它们已经被 CSS 取代。

### 1.3.3　编写第一个 HTML 文件

下面是一个简单的 HTML 文档的例子。新建一个文本文档，在文本文档中输入以下代码：

代码段 1-1。

```html
<html>
<head>
<title>这是第一个 HTML 例子</title>
</head>
<body>
欢迎光临！这是我的第一个 HTML 文档。<br/>
</body>
</html>
```

将该文档保存为 first. html，然后右击该文件打开方式选择 Internet Explorer 打开，则文档显示效果如图 1-1 所示。

图 1-1　第一个 HTML 文件

## 习　　题

1. Internet 由硬件和软件两大部分组成，硬件主要包括通信线路、（　　）和主机，软件部分主要是指（　　）。

2. 简述 Web 的几个特点。

3. 简述 Web 的工作原理。

4. 简述 Internet 的基本概念。

5. 简述 Internet 的主要功能。

6. 编写一个 HTML 文件，显示内容为：北京欢迎您！

# 第 2 章

chapter 2

# 网络体系结构及协议

网络协议依赖于网络体系结构,由硬件和软件协同工作以实现计算机之间的通信。

## 2.1 网络体系结构与协议概述

计算机网络是一个复杂的计算机及通信系统的集合,在其发展过程中逐步形成了一些公认的、通用的建立网络体系的模式,可将其视为建立网络体系通用的蓝图,称为网络体系结构(Network Architecture,NA),用于指导网络的设计和实现。本章将系统地介绍网络体系结构的概念以及两个非常重要的参考体系结构,即 OSI 体系结构和 TCP/IP 体系结构。

### 2.1.1 网络体系结构

计算机网络从概念上可分为两个层次,即提供信息传输服务的通信子网和提供资源共享服务的资源子网。

通信子网主要由通信媒体(传输介质)和通信设备等组成。主要解决为众多的计算机用户提供高速度、高效率、低成本,且又安全、可靠的信息传输服务。资源子网由各类计算机系统及外围设备组成,它们利用内层通信子网的通信功能,实现彼此间的系统互连,为用户提供资源共享服务。

从两个子网的关系来看,资源共享功能的实现依赖于通信子网的数据通信功能。通信子网为资源子网提供信息传输服务,而资源子网利用这种服务实现计算机间的资源共享。那么,通信子网提供的数据通信服务是否能满足资源子网的要求,使资源子网完成自己的资源共享任务呢? 由于信息的类型不同、作用不同,使用的场合和方式不同,因此对于通信子网的服务要求大不相同,必须采用不同的技术手段来满足这些不同的要求。那么,怎样构造计算机网络的通信功能,才能实现这些不同系统之间,尤其是异种计算机系统之间的通信呢? 这就是网络体系结构要解决的问题。网络体系结构通常采用层次化结构定义计算机网络的协议、功能和提供的服务。

计算机网络体系结构的概念和内容都比较抽象,为了便于理解,先以两大城市(如广州和大连)民间邮寄信件的工作过程为例来说明。首先,人们写信时要采用双方都理解的语言、文体、格式(称谓、落款等),这样在对方收到信后才能看懂内容,知道写信人及写信时间等。当然,还可以有其他一些特殊约定,如编号、密码等。信写好装入信封后,投递给当地邮局的信箱或邮筒等待寄发。这样寄信人和邮局之间就形成了一种约定,这就是规定信封的书写格式和给付足额的邮资(邮票)。邮局收到信后,要进行信件的分拣和分类,然后再装成更大的包裹交付有关运输部门(如民航、铁路或公路交通部门)负责运输。这时,邮政部门与运输部门也要有约定,如到站时间、地点、包裹形式、费用等。信件到目的地后进行相反的过程,最终将信件送达收信人手中。收信人是按照与寄信人的约定读懂信的内容。在信件邮寄的整个过程中,主要涉及三个子系统,即用户子系统、邮政子系统和运输子系统,如图 2-1 所示。

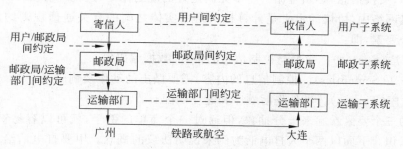

**图 2-1　邮政系统分层模型**

由本例可以看出,各种约定都是为了达到将信件从源点送到目的点的这个目标而设计的。可以将这些约定分为同等机构间的约定(如用户间约定、邮局间约定等)和不同机构间的约定(如用户与邮局间的约定、邮局与运输部门间的约定)。虽然两个用户、两个邮局、两个运输部门分处两地,但它们分别对应于同等机构(属相同层次),同属一个子系统;而同处一地的不同机构(属不同层次)则不在一个子系统,它们之间的关系是服务与被服务的关系。很显然,这两种约定是不同的,前者是同等层次间的约定,后者是不同层次间的约定。还有,处于一地的不同层次间(垂直)的关系是直接的,处于两地的同等层次之间(水平)的关系是间接的。

在计算机网络环境中,两个端点的两个进程之间的通信过程类似于信件的投递过程。网络体系结构是计算机网络的分层、各层协议、功能和层间接口的集合。不同的计算机网络具有不同的体系结构,各层的数量、各层的名称、内容和功能以及各相邻层之间的接口都不一样。然而,在任何网络中,每一层都是为了向它的邻接上层提供一定的服务而设置的,而且每一层都对上层屏蔽如何实现协议的具体细节。这样,网络体系结构就能做到与具体的物理实现无关,哪怕连接到网络中的主机和终端的型号及性能各不相同,只要它们共同遵守相同的协议就可以实现互连和互操作。

需要强调的是,网络体系结构只精确定义了计算机网络中的逻辑构成及所完成的功能,实际上是一组设计原则,它包括功能组织、数据结构和过程的说明,以及为用户应用网络的设计和实现的基础。因此,网络体系结构是一个抽象的概念,对于这些功能是由何种硬件和软件实现,而未加说明。因此,网络的体系结构与网络的实现不是一回事:前者是抽象的,仅告诉网络设计者应“做什么”,而不是“怎样做”;后者是具体的,是需要硬件和软件来完成的。

## 2.1.2 网络协议

计算机网络最基本的功能就是资源共享和信息交换。为了实现这些功能，网络中各实体（如计算机）之间经常要进行各种通信和对话。这些通信实体的情况千差万别（如机型可能是大型机、小型机和 PC，操作系统则可能是 Windows NT、Linux、OS/2 等），如果没有统一的约定，就好比一个城市的交通系统没有任何交通规则，大家为所欲为，各行其是，其结果肯定是乱作一团。人们常把国际互联网络叫做信息高速公路，要想在上面实现共享资源，交换信息，必须遵循一些事先制定好的规则标准，这就是协议（Protocol）。

计算机网络中，协议的定义是计算机网络中实体之间的有关通信规则约定的集合。协议有三个要素，即：

(1) 语法（Syntax）。数据与控制信息的格式、数据编码等。

(2) 语义（Semantics）。控制信息的内容，需要做出的动作及响应。

(3) 时序（Timing）。事件先后顺序和速度匹配。

协议的三个要素看起来十分抽象，但通过一个简单的例子，就可以容易对它们有一个清晰的认识。下面以两个人打电话为例来说明协议的概念。甲要打电话给乙，首先甲拨通乙的电话号码，对方电话振铃，乙拿起电话，然后甲乙开始通话，通话完毕后，双方挂断电话。在这个过程中，甲乙双方都遵守了打电话的协议。其中，电话号码就是"语法"的一个例子，一般电话号码由 5～8 位阿拉伯数字组成，如果是长途电话要加拨区号，国际长途还要加国家代码等；甲拨通乙的电话后，乙的电话会振铃，振铃是一个信号，表示有电话打进，乙选择接电话，这一系列的动作包括了控制信号、响应动作等，就是"语义"的例子；"时序"的概念更好理解，因为甲拨了电话，乙的电话才会响，乙听到铃声后才会考虑要不要接，这一系列事件的因果关系十分明确，不可能没有人拨乙的电话而乙的电话会响，也不可能在电话铃没响的情况下，乙拿起电话却从话筒里传出甲的声音。

## 2.1.3 协议分层

计算机网络的整套协议是一个庞大复杂的体系，为了便于对协议的描述、设计和实现，现在都采用分层的体系结构。如图 2-2 所示，所谓层次结构就是指把一个复杂的系统设计问题分解成多个层次分明的局部问题，并规定每一层次所必须完成的功能，类似于信件投递过程。层次结构提供了一种按层次来观察网络的方法，它描述了网络中任意两个节点间的逻辑连接和信息传输。

同一系统体系结构中的各相邻层间的关系是：下层为上层提供服务，上层利用下层提供的服务完成自己的功能，同时再向更上一层提供服务。因此，上层可看成是下层的用户，下层是上层的服务提供者。

系统的顶层执行用户要求做的工作，直接与用户接触，可以是用户编写的程序或发出的命令。除顶层外，各层都能支持其上一层的实体进行工作，这就是服务。系统的底层直接与物理介质相接触，通过物理介质使不同的系统、不同的进程沟通。

| | | |
|---|---|---|
| $N+1$层 | ------第$N+1$层协议----- | $N+1$层 |
| $N$层 | ------ 第$N$层协议------ | $N$层 |
| $N-1$层 | ----- 第$N-1$层协议 ----- | $N-1$层 |

系统A　　　　　　　　　　　　　　　　　　　　　　　　　系统B

**图 2-2　网络层次结构**

系统中的各层次内都存在一些实体。实体是指除一些实际存在的物体和设备外,还有客观存在的与某一应用有关的事物,如含有一个或多个程序、进程或作业之类的成分。实体既可以是软件实体(如进程),也可以是硬件实体(如某一接口芯片)。

不同系统的相同层次称为同等层(或对等层),如系统 A 的第 $N$ 层和系统 B 的第 $N$ 层是同等层。不同系统同等层之间存在的通信称为同等层通信。不同系统同等层上的两个正通信的实体称为同等层实体。

同一系统相邻层之间都有一个接口(Interface),接口定义了下层向上层提供的原语(Primitive)操作和服务。同一系统相邻层实体交换信息的地方称为服务访问点(Service Access Point,SAP),它是相邻层实体的逻辑接口,也可说是 $N$ 层 SAP 就是 $N+1$ 层可以访问 $N$ 层的地方。每个 SAP 都有一个唯一的地址,供服务用户间建立连接之用。相邻层之间要交换信息,对接口必须有一个一致遵守的规则,这就是接口协议。从一个层过渡到相邻层所做的工作,就是两层之间的接口问题,在任何相邻层间都存在接口问题。

计算机网络中的协议采用层次结构有以下好处:

(1) 各层之间相互独立。高层并不需要知道底层是如何实现的,而仅需要知道该层通过层间接口所提供的服务。

(2) 灵活性好。当任何一层发生变化时,例如由于技术的进步促进实现技术的变化,只要接口保持不变,则在这层以上或以下各层均不受影响。另外,当某层提供的服务不再需要时,甚至可将这层取消。

(3) 各层都可以采用最合适的技术来实现,各层实现技术的改变不影响其他层。

(4) 易于实现和维护。因为整个的系统已被分解为若干个易于处理的部分,这种结构使得一个庞大而又复杂系统的实现和维护变得容易控制。

(5) 有利于促进标准化。这主要是因为每层的功能与所提供的服务已有精确的说明。

## 2.2　OSI 参考模型

网络参考模型是为了规范和设计网络体系结构提出的抽象模型,具体代表性的参考模型有两个,即 OSI 参考模型与 TCP/IP 参考模型。迄今为止,计算机网络协议经过了20 世纪 70 年代的各公司为主的计算机网络体系结构并存,20 世纪 80 年代国际标准化组织的开放系统互连参考模型 OSI 以及 20 世纪 90 年代的 Internet 体系结构为主潮流的几个发展阶段。

最先提出计算机网络体系结构概念的是 IBM 公司,于 1974 年提出了系统网络体系结构(Systems Network Architecture,SNA),这是世界上第一个按照分层方法制定的网络设计标准。之后,DEC 公司于 1975 年提出了数字网络体系结构(Digital Network Architecture,DNA)。其他计算机厂商也分别提出了各自的计算机网络体系结构。这些体系结构都采用了分层次的模型,但各有其特点以适应各公司的生产和商业目的。因此造成了系统不兼容的问题,即不同厂家生产的计算机系统和网络设备不能互连成网。

按照各公司提出的不同网络体系结构生产的网络设备之间无法相互通信和互换使用。为了在更大范围内共享资源和通信,人们迫切需要一个共同的可以参照的标准。

在这种情况下,国际标准化组织(International Organization for Standardization,ISO)于 20 世纪 80 年代初提出了 OSI 参考模型,也称开放系统互连参考模型(Open Systems Interconnection Reference Model,OSI-RM),这个网络体系结构的标准定义了系统互连的基本参考模型。它最大的特点是开放性,不同厂家的网络产品,只要遵照这个参考模型,就可以实现互连、互操作和可移植性。也就是说,任何遵循 OSI 标准的系统,只要物理上连接起来,它们之间都可以互相通信。

OSI 参考模型定义了开放系统的层次结构和各层所提供的服务。OSI 参考模型的一个成功之处在于,它清晰地分开了服务、接口和协议这三个容易混淆的概念:服务描述了每一层的功能,接口定义了某层提供的服务如何被高层访问,而协议是每一层功能的实现方法。通过区分这些抽象概念,OSI 参考模型将功能定义与实现细节分开,概括性高,使它具有了普遍的适应能力。

OSI 参考模型本身并不是网络体系结构。按照定义,网络体系结构是网络层次结构和相关协议的集合,通过下面对 OSI 参考模型各层的介绍,不难发现,它并没有精确定义各层的协议,没有讨论编程语言、操作系统、应用程序和用户界面,只是描述了每一层的功能。但并不妨碍 ISO 组织制定各层的标准,只不过这些标准不属于 OSI 参考模型本身。

OSI 参考模型是具有 7 个层次的框架,如图 2-3 所示自底向上的 7 个层次分别是物理层、数据链路层、网络层、传输层、会话层、表示层和应用层。该模型有下面几个特点:

(1) 每个层次的对应实体之间都通过各自的协议通信。

(2) 各个计算机系统都有相同的层次结构。

(3) 不同系统的相应层次有相同的功能。

(4) 同一系统的各层次之间通过接口联系。

(5) 相邻的两层之间,下层为上层提供服务,同时上层使用下层提供的服务。

图 2-3 的点划线框部分是通信子网,它和网络硬件的关系密切,而且通信手段是一个传一个的连接方式;而从传输层开始向上,不再涉及通信子网的细节,只考虑最终通信者之间端到端的通信问题,这一点在介绍传输层的时候还要另加叙述。

## 1. 物理层

物理层(Physical Layer)是 OSI 的最低层,是整个开放系统的基础。物理层保证通

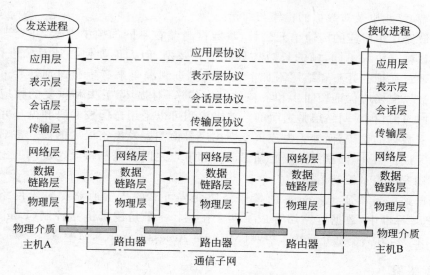

图 2-3　OSI 参考模型示意图

信信道传输 0、1 二进制比特流，用于建立、维持和释放数据链路实体间的连接。

物理层并不是指物理传输介质，它是介于数据链路层和物理传输介质之间的一层，是 OSI 参考模型的底层。起着数据链路层到物理传输介质之间的逻辑接口的作用。

物理层向数据链路层提供的服务包括"物理连接服务"、"物理服务数据单元服务"和"顺序化服务"等。"物理连接服务"指向数据链路层提供物理连接，数据链路层通过接口将数据传送给物理层，物理层就通过传输介质一位一位地送到对等的数据链路层实体，至于数据是如何传送的，数据链路层并不关心；"物理服务数据单元服务"是在物理介质上传输非结构化的比特流，所谓非结构化的比特流，指顺序地传输 0、1 信号，而不必考虑这些 0、1 信号表示什么意义；"顺序化服务"是指 0、1 信号一定要按照原顺序传送给对方。

物理层协议被设计来控制传输介质，规定传输介质本身及其相连接接口的机械、电气、功能和过程特性，以提供传输介质对计算机系统的独立性。传输介质可以是双绞线、同轴电缆、光纤、通信卫星和微波等，它们并不包括在 OSI 的七层之内，其位置处在物理层的下面。这些接口和传输介质必须保证发送和接收信号的一致性，即发送的信号是比特 1 时，接收到信号也必须是 1，反之亦然。

**2. 数据链路层**

数据链路层(Data Link Layer)的主要功能是在物理层提供的比特服务基础上，在相邻节点之间提供简单的通信链路，传输以帧为单位的数据，同时它还负责数据链路的流量控制、差错控制。

在物理介质上传输的数据难免受到各种不可靠因素的影响而产生差错，数据链路层的功能是加强物理层原始比特流的传输功能，建立、维持和释放网络实体之间的数据链路连接，使之对网络层呈现为一条无差错通路。数据链路层的基本任务就是数据链路的激活、保持和终止以及对数据的检错与纠错。

数据链路层中对应的传输单元是帧,将数据封装在不同的帧中发送,并处理接收端送回的确认帧。协议不同,帧的长短和分界也有差别,但无论如何必须对帧进行定界。因此该层通过在帧的开头和结尾附加上特殊的二进制编码来产生和识别帧界。相邻节点之间的数据交换应保证帧同步和各帧的顺序传送,对损坏、丢失和重复的帧应能进行处理,这种处理过程对网络层是透明的。差错检测可以采用奇偶校验码和循环冗余码来检测信道上数据的误码,而帧丢失或重复则用序号检测。发生错误后的修复常靠反馈重发机制来完成。另外,数据链路层必须保证相邻节点之间发送和接收速度的匹配,因此,该层协议还完成流量控制工作。

数据链路层将本质上不可靠的传输介质变成可靠的传输通路提供给网络层。在IEEE 802.3 标准中,数据链路层分成了两个子层:一个是逻辑链路控制(Logical Link Control,LLC),另一个是介质接入控制(Medium Access Control,MAC)。

### 3. 网络层

网络层(Network Layer)完成对通信子网的运行控制。它通过网络连接交换传输层实体发出的数据,使得高层的设计考虑不依赖于数据传送技术和中继或路由,同时也使数据传送和高层隔离。网络层提供交换和路由功能,以激活、保持和终止网络层连接。为了在一条数据链路上复用多条网络连接,大多采取异步复用技术,包括逻辑信道和虚电路。

网络层把高层发来的数据组织分组在通信子网的节点之间交换传送,交换过程中要解决的关键问题是选择路径。路径既可以是固定不变的(通过静态路由表实现),也可以是根据网络的负载情况动态变化的。在广播式网络中,例如以太网,由于不存在路由选择问题,因此其网络层功能较弱。在选择路由时要考虑解决的问题是流量控制,防止网络中出现局部的拥挤或全面的阻塞。此外,网络层还应有统计功能,以便根据通信过程中交换的分组数(或字符数、比特数等)收费。

网络层具备服务选择功能,该层协议分别向高层提供面向连接方式和无连接方式网络服务。当传送的分组需要跨越一个网络的分界时,网络层应该对不同网络中分组的长度、寻址方式以及通信协议进行转换,使得异种网络能够互联。在具有开放特性的网络中的数据终端设备,都要配置网络层的功能。

### 4. 传输层

传输层(Transport Layer)的任务是向用户提供可靠的、透明的端到端的数据传输,以及差错控制和流量控制机制。由于它的存在,网络硬件的任何技术对高层都是不可见的,也就是说会话层、表示层、应用层的设计不必考虑底层的硬件细节,因此传输层的作用十分重要。

传输层是 OSI 协议体系结构中关键的一层,也是第一个事实上的端到端层次。因为它是源端到目的端对数据传送进行控制从低到高的最后一层,并把实际使用的通信子网与高层应用分开,提供源端和目的端之间的可靠无误且经济有效的数据传输。传输层提供端到端的控制以及应用程序所要求的服务质量(QoS)的信息互换。当网络层服务质量不能满足要求时,它将服务加以提高,以满足高层的要求;当网络层服务质量较好时,它只承担很少的服务。

有一个既存事实,即世界上各种通信子网在性能上存在着很大差异。例如,电话交换网、分组交换网、局域网等通信子网都可互联,但它们提供的吞吐量、传输速率、数据延迟、通信费用等各不相同。对于高层(会话层)来说,却要求有一性能恒定的界面。传输层就承担了这一功能,它在底层服务的基础上提供一种通用的传输服务,会话实体利用这种透明的数据传输服务而不必考虑底层通信网络的工作细节。

传输层还可进行复用,即在一个网络连接上创建多个逻辑连接。采用分流/合流、复用/解复用技术优化网络的传输性能。当会话实体要求建立一条传输连接时,传输层就为其建一个对应的网络连接。如果要求较高的吞吐量,传输层可能为其建立多个网络连接(分流)。如果要求的传输速率不是很高,单独创建和维持一个网络连接不合算,传输层就可考虑把几个传输连接多路复用到一个网络连接上。这样的多路复用和分流对传输层以上是透明的。

传输层的服务可能是提供一条无差错顺序的端到端连接,也可能是提供不保证顺序的独立报文传输或多目标广播与多播。这些服务可由会话实体根据具体情况选用。传输连接在其两端进行流量控制,以免高速主机发送的信息流淹没低速主机。传输协议是真正的源端到目的端的协议,传输层以下的功能层协议都是通信子网的协议。

### 5. 会话层

会话层(Session Layer)提供两个互相通信的应用进程之间的会话机制,即建立、组织和协调双方的交互(Interaction),并使会话获得同步。会话层、表示层、应用层构成开放系统的高三层,对应用进程提供分布处理、会话管理、信息表示、修复最后的差错等。会话层担负应用进程的服务要求,弥补传输层不能完成的剩余部分工作。该层的主要功能是对话管理、数据流同步和重新同步。

会话层服务之一是管理对话,除单程(只有一方)对话以外,还可以允许双程同时对话或双程交替对话。若属于后者,会话层将记录此时该轮到哪一方了。另一类会话服务是控制两个表示层实体间的数据交换过程,例如分界、同步等。会话层提供一种同步点(也称为校验点)机制,可使通信会话在通信失效时从同步点继续恢复通信。这种能力对于传送大的文件极为重要。如果网络平均每小时出现一次故障,而两台计算机之间要进行的文件传输需要两小时,若每一次传输中途失败后,不得不重新传输整个文件,那么当网络再次出现故障时,又将半途而废了。为了解决这个问题,会话层在数据流中插入同步点,这样仅需要重传最后一个同步点之后的所有数据即可。

此外,会话层还提供了隔离功能,即会话用户可以要求在数据积累到一定数量之前,不把数据传送到目的地,在某一点以前或一个合法的进程之后所到达的数据都是无意义的。

### 6. 表示层

表示层（Presentation Layer）的作用之一是为异种主机通信提供一种公共语言，以便能进行互操作。这种类型的服务之所以需要，是因为不同的计算机系统使用的数据表示法不同。例如，IBM 主机使用 EBCDIC 编码，而大部分 PC 使用的是 ASCII 码。在这种情况下，便需要表示层来完成这种转换。通过前面的介绍，可以看出，包括会话层在内的下面五层完成了端到端的数据传送，并且是可靠无差错的有序传送。但是数据传送只是手段而不是目的，最终是要实现对数据的使用。由于各种系统对数据的定义并不完全相同，最易明白的例子是键盘，其上的某些键的含义在许多系统中都有差异。这自然给利用其他系统的数据造成了障碍。表示层和应用层就担负了消除这种障碍的任务。

对于用户数据来说，可以从两个侧面来分析，一个是数据含义被称为语义，另一个是数据的表示形式，称为语法。像文字、图形、声音、文种、压缩、加密等都属于语法范畴。表示层中定义了一种抽象语法（ASN.1）及其编码规则，包括三类 15 种功能单位，其中表示上下文（Presentation Context）管理功能单位就是允许用户选择语法和转换，用来沟通用户间的数据编码规则，以便双方有一致的数据形式，能够互相认识。

表示层协议的主要功能如下：

（1）为用户提供执行会话层服务的手段。

（2）提供描述数据结构的方法。

（3）管理当前所需的数据结构集。

（4）完成数据的内部格式与外部格式间的转换。

另外，为了提高通信效率（压缩/解压）、增加安全性（加密/解密）等，数据语法转换也是表示层的工作。

### 7. 应用层

应用层（Application Layer）是开放系统体系结构的最高层，这一层的协议直接为应用进程提供服务。应用层管理开放系统的互连，包括系统的启动、维持和终止，并保持应用进程间建立连接所需的数据记录，其他层都是支持这一层的功能而存在的。一个应用是由一些合作的应用进程组成的，这些应用进程根据应用层协议相互通信。应用进程是数据交换的最终的源和宿，在 OSI/RM 中不作为应用层的实体。应用层的作用是在实现多个系统应用进程相互通信的同时，完成一系列业务处理所需的服务。这些服务按其向应用程序提供的特性分成组，称为服务元素。有些服务元素可由多种应用程序共同使用，称为公用服务元素（CASE）；有些则为特定的一种应用程序使用，称为专用服务元素（SASE）。

CASE 提供最基本的服务，它成为应用层中任何用户和任何服务元素的服务提供者，主要为应用进程通信、分布系统实现提供基本的控制机制。

SASE 则要满足一些特定服务，如文件传送、访问管理、银行事务、订单输入、电子邮件等。这些服务的提供将涉及虚拟终端、文件传送及访问管理、远程数据库访问、图形系统、目录管理等协议。

总之，OSI 参考模型的低三层属于通信子网，涉及为用户间提供透明连接，操作主要以每条链路(hop-by-hop)为基础,在节点间的各条数据链路上进行通信。由网络层来控制各条链路上的通信,但要依赖于其他节点的协调操作。高三层属于资源子网,主要涉及保证信息以正确可理解的形式传送。传输层是高三层和低三层之间的接口,它是第一个端到端的层次,保证透明地端到端连接,满足用户的服务质量(QoS)要求,并向高三层提供合适的信息形式。

## 2.3　TCP/IP 参考模型

TCP/IP(Transmission Control Protocol/Internet Protocol,传输控制协议/网际协议)是 Internet 采用的协议标准。Internet 的迅速发展和普及,使 TCP/IP 协议成为全世界计算机网络中使用最广泛、最成熟的网络协议,并成为事实上的工业标准。TCP/IP 是一种异构网络互联的通信协议,它同样也适用于在一个局域网中实现异种机的互连通信。

TCP/IP 最早起源于 ARPAnet。实际上,"计算机通信"一词是在 ARPAnet 出现之后才开始使用的。逐渐地,ARPAnet 通过租用电话线连接了数百所大学和政府部门,它也是 Internet 的前身。

当卫星和无线网络出现以后,已有的协议在与它们融合时出现了问题,所以需要一种新的参考体系结构,能够无缝隙地连接多个网络就成为主要的设计目标。1982 年开发了一簇新的协议,其中最主要的就是 TCP 和 IP(简称 TCP/IP 协议),IP 协议用于给各种不同的通信子网或局域网提供一个统一的互联平台,TCP 协议则用于为应用程序提供端到端的通信和控制功能。该体系结构称为 TCP/IP 协议模型。

Internet 形成之后,TCP/IP 协议模型不断得到完善,使 TCP/IP 成为 Internet 网络体系结构的核心。迄今为止,几乎所有工作站和运行 UNIX 的计算机都采用 TCP/IP,并将 TCP/IP 融于 UNIX 操作系统结构之中,成为其一部分。在微型机及大型机上也支持相应的 TCP/IP 协议及网关软件,从而使众多异种主机互连成为可能。TCP/IP 也就成为最成功的网络体系结构和协议规程。

从字面上看,TCP/IP 包括两个协议,即传输控制协议(TCP)和网际协议(IP),两者都是非基于任何特定硬件平台的网络协议,既可用于局域网,又可用于广域网。但 TCP/IP 实际上是一组协议,它包括上百个具有不同功能且互为关联的协议,而 TCP/IP 是保证数据完整传输的两个基本的重要协议,所以也可称为 TCP/IP 协议簇,而不单单是TCP/IP。

TCP/IP 协议模型从更实用的角度出发,形成了具有高效率的四层体系结构,即主机-网络层(也称网络接口层)、网络互联层(IP 层)、传输层(TCP 层)和应用层。网络互联层和 OSI 的网络层在功能上非常相似,TCP/IP 模型和 OSI 参考模型的对应关系如图 2-4 所示。

如图 2-5 所示,TCP/IP 模型包含了一组网络协议,TCP/IP 是其中最重要的两个协议。虽然它们都不是 OSI 的标准协议,但已经被公认为事实上的标准,而且是人们今天使用的国际互联网的标准协议。

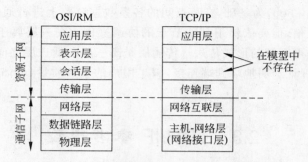

**图 2-4　TCP/IP 模型与 OSI 参考模型对照图**

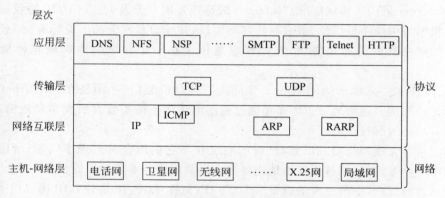

**图 2-5　TCP/IP 模型中的协议与网络**

### 1. 网络接口层

主机-网络层（网络接口层）是模型中的最低层，负责将数据包传送到电缆上，是实际的网络硬件接口。TCP/IP 参考模型的网络接口层对应于 OSI 参考模型的物理和数据链路层。网路接口层协议定义了主机如何连接到网络，管理特定的物理介质。在 TCP/IP 模型中可以使用任何网络接口，如以太网、令牌环网、FDDI、X. 25、ATM、帧中继和其他接口等。

### 2. 网络互联层

网络互联层（IP 层）是 TCP/IP 模型的关键部分。它的功能是使主机把分组发往任何网络，并使各分组独立地传向目的地（中途可经由不同的网络），即所谓数据报（Datagram）方式的信息传送。这些分组到达的顺序和发送的顺序可能不同，因此当需要按顺序发送和接收时，高层必须对分组排序。分组路由和拥塞控制是 IP 层的主要设计问题，所以其功能与 OSI 网络层功能非常相似。

网络互联层所使用的协议是 IP 协议。它把传输层送来的消息组装成 IP 数据报文，并把 IP 数据报文传递给主机-网络层。IP 协议提供统一的 IP 数据报格式，以消除各通信子网的差异，从而为信息发送方和接收方提供透明的通道。IP 协议可以使用广域网或局域网技术,以及高速网和低速网、无线网和有线网、光纤网等几乎所有类型的计算机通信技术。

网络互联层的主要任务是:为 IP 数据报分配一个全网唯一的传送地址(称为 IP 地址),实现 IP 地址的识别与管理;建立 IP 数据报的路由机制;发送或接收时使 IP 数据报的长度与通信子网所允许的数据报长度相匹配。例如,以太网所传输的帧长为 1500B,而 ARPAnet 所传输的数据包长度为 1008B,当以太网上的数据帧通过网络互联层 IP 协议转发给 APRAnet 时,就要进行数据帧的分解处理。

顺便指出,这里的"数据报"和前面提到的"数据包"(Packet)是不同的概念。数据包是指分块的传输数据,它被用于早期的计算机通信网的文献中,而目前普遍使用"分组"一词。数据报则是分组的一种传送方式或网络提供的一种无连接服务,在 TCP/IP 模型中,数据报亦可指使用数据报服务来传送的具有一定格式的分组。

### 3. 传输层

传输层为应用程序提供端到端通信功能,和 OSI/RM 中的传输层相似。该层协议处理网络互联层没有处理的通信问题,保证通信连接的可靠性,能够自动适应网络的各种变化。传输层主要有两个协议,即传输控制协议(TCP)和用户数据报协议(UDP)。

TCP 是面向连接的,以建立高可靠性的消息传输连接为目的,它负责把输入的用户数据(字节流)按一定的格式和长度组成多个数据报进行发送,并在接收到数据报之后按分解顺序重新组装和恢复用户数据。TCP 与任何特定网络的特征相独立,对分组没有太多的限制,但一般 TCP 的实现均以网络中可承载的适当容量作为数据单元(称为 TCP 段)的长度,最大长度为 65KB,很大的分组将在 IP 层进行分割后传送。为了完成可靠的数据传输任务,TCP 具有数据报的顺序控制、差错检测、校验以及重发控制等功能。TCP 还要处理流量控制,以避免快速的发送方"淹没"低速的接收方面使接收方无法处理。

UDP 是一个不可靠的、无连接的协议,主要用于不需要 TCP 的排序和流量控制能力,而是自己完成这些功能的应用程序。它被广泛地用于端主机和网关以及 Internet 网络管理中心等的消息通信,以达到控制管理网络运行的目的,或者应用于快速递送比准确递送更重要的应用程序,例如传输语音或视频图像。

### 4. 应用层

位于传输层之上的应用层包含所有的高层协议,为用户提供所需要的各种服务。值得指出的是,TCP/IP 模型中的应用层与 OSI/RM 中的应用层有较大的差别,它不仅包括了会话层及上面三层的所有功能,而且还包括了应用进程本身。因此,TCP/IP 模型的简洁性和实用性就体现在它不仅把网络层以下的部分留给了实际网络,而且将高层部分和应用进程结合在一起,形成了统一的应用层。到目前为止,互联网络上的应用层协议有下面几种:

(1) 简单邮件传送协议(Simple Mail Transfer Protocol,SMTP),负责互联网中电子邮件的传递。

（2）超文本传送协议（Hyper Text Transfer Protocol，HTTP），提供 WWW 服务。

（3）远程登录协议（TELNET Protocol），实现远程登录功能。例如，电子公告牌系统 BBS 使用的就是这个协议。

（4）文件传送协议（File Transfer Protocol，FTP），用于交互式文件传输，下载软件使用的就是这个协议。

（5）网络新闻传送协议（Network News Transfer Protocol，NNTP），为用户提供新闻订阅功能，它是网上特殊的、功能强大的新闻工具，每个用户既是读者又是作者。

（6）域名系统（Domain Naming System，DNS），负责计算机名字向 IP 地址的转换。

（7）简单网络管理协议（Simple Network Management Protocol，SNMP），负责网络管理。

（8）路由选择信息/开放最短路径优先协议（Routing Information Protocol/Open Shortest Path First，RIP/OSPF），负责路由信息交换。

# 2.4　比较 OSI 与 TCP/IP

虽然 OSI 参考模型和 TCP/IP 参考模型都采用了层次结构的概念，但是它们的差别却是很大的，不论在层次划分还是协议使用上，都有明显的不同。它们有各自的优缺点。

如图 2-3 所示，OSI 参考模型与 TCP/IP 参考模型都采用了层次结构，但 OSI 采用的是七层模型，而 TCP/IP 是四层结构（实际上是三层结构）。

TCP/IP 参考模型的网络接口层实际上并没有真正的定义，只是一些概念性的描述。而 OSI 参考模型不仅分了两层，而且每一层的功能都很详尽，甚至在数据链路层又分出一个访问子层，专门解决局域网的共享介质问题。TCP/IP 的互联层相当于 OSI 参考模型网络层中的无连接网络服务。

OSI 参考模型与 TCP/IP 参考模型的传输层功能基本类似，都是负责为用户提供真正的端到端的通信服务，也对高层屏蔽了底层网络的实现细节。所不同的是 TCP/IP 参考模型的传输层是建立在互联层基础之上的，而互联层只提供无连接的服务，所以面向连接的功能完全在 TCP 协议中实现，当然 TCP/IP 的传输层还提供无连接的服务，如 UDP（User Datagram Protocol）；相反 OSI 参考模型的传输层是建立在网络层基础之上的，网络层提供面向连接的服务，又提供无连接服务，但传输层只提供面向连接的服务。

在 TCP/IP 参考模型中，没有会话层和表示层，事实证明，这两层的功能确实很少用到。因此，OSI 中这两个层次的划分显得有些画蛇添足。

OSI 参考模型与 TCP/IP 参考模型的优缺点比较如下：

（1）OSI 参考模型的抽象能力高，适合描述各种网络，它采取的是自上向下的设计方式，先定义了参考模型，才逐步去定义各层的协议，由于定义模型的时候对某些情况预计不足，造成了协议和模型脱节的情况；TCP/IP 正好相反，它是先有了协议之后，人们为了对它进行研究分析，才制定了 TCP/IP 参考模型，当然这个模型与 TCP/IP 的各个协议吻合得很好，但不适合描述其他非 TCP/IP 网络。

（2）OSI 参考模型的概念划分清晰，它详细地定义了服务、接口和协议的关系，优点是概念清晰,普遍适应性好;缺点是过于繁杂,实现起来很困难,效率低。TCP/IP 在服务、接口和协议的区别上不清楚,功能描述和实现细节混在一起,因此 TCP/IP 参考模型对采取新技术设计网络的指导意义不大,也就使它作为模型的意义逊色很多。

(3) TCP/IP 的网络接口层并不是真正的一层,在数据链路层和物理层的划分上基本是空白,而这两个层次的划分是十分必要的;OSI 的缺点是层次过多,事实证明会话层和表示层的划分意义不大,反而增加了复杂性。

总之,OSI 参考模型虽然一直被人们所看好,但由于没有把握好实际,技术不成熟,实现起来很困难,因而迟迟没有一个成熟的产品推出,大大影响了它的发展;相反,TCP/IP 虽然有许多不尽如人意的地方,但近 30 年的实践证明它还是比较成功的,特别是近年来国际互联网的飞速发展,也使它获得了巨大的支持。

# 习　　题

1. 计算机网络从概念上可分为两个层次,即提供信息传输服务的(　　　)和提供资源共享服务的(　　　)。

2. 计算机网络协议的三个要素,分别是(　　　)、(　　　)、(　　　)。

3. OSI 参考模型划分了七个层次,分别是物理层、(　　　)、网络层、(　　　)、表示层、(　　　)、(　　　)。

4. TCP/IP 参考模型划分了四个层次,分别是(　　　)、网络互联层、传输层、(　　　)。

5. 在 TCP/IP 参考模型中的传输层主要有两个协议,即(　　　)和用户数据报协议。

6. 简述 OSI 参考模型中数据链路层的主要功能。

7. 比较 OSI 参考模型与 TCP/IP 参考模型的优缺点。

# 第3章

## 网络服务器

网络服务器是一台或一组高性能计算机,具有网络管理、运行应用程序、处理网络工作站各成员的信息请示等功能,并连接相应外部设备,如打印机、CD-ROM、调制解调器等。根据其作用的不同可划分为文件服务器、应用程序服务器、通信服务器、打印服务器等。例如,Internet 网管中心就有 WWW 服务器、Gopher 服务器等各类服务器。下面主要讲述域名服务器、Web 服务器、FTP 服务器和邮件服务器。

## 3.1 域名服务器

### 3.1.1 定义

域名服务器(Domain Name Server,DNS)是一种程序,它保存了一张域名(Domain Name)和与之相对应的 IP 地址(IP Address)的表,以解析消息的域名。域名是 Internet 上某一台计算机或计算机组的名称,用于在数据传输时标识计算机的电子方位(有时也指地理位置)。域名是由一串用点分隔的名字组成的,通常包含组织名,而且始终包括 2、3 个字母的后缀,以指明组织的类型或该域所在的国家或地区。

### 3.1.2 域名解析

互联网上的每一台计算机都被分配一个 IP 地址,数据的传输实际上是在不同 IP 地址之间进行的。包括在家上网时使用的计算机,在联网以后也被分配一个 IP 地址,这个 IP 地址绝大部分情况下是动态的。也就是说你关掉调制解调器,再重新打开上网,你的上网接入商会随机分配一个新的 IP 地址。

网站服务器本质上也是台联网的计算机,只不过配置上更适合作为服务器,并且放在数据中心,保持低温,低尘环境,同时有安全保卫。这些服务器使用固定 IP 地址连入互联网。一个域名解析到某一台服务器上,并且把网页文件放到这台服务器上,用户的计算机才知道去哪一台服务器获取这个域名的网页信息。这是通过域名服务器来实现的。

每一个域名都至少要有两个 DNS 服务器,这样如果其中一个 DNS 服务器出现问题,另外一个也可以返回关于这个域名的数据。DNS 服务器也可以有两个以上,但所有这些 DNS 服务器上的 DNS 记录都应该是相同的。在 DNS 服务器中保留有该域名的 DNS 记录,例如 A 记录、MX 记录。A 记录是用来指定主机名(或域名)对应的 IP 地址,MX 记录用来解析域名的邮件服务器。

在很多情况下,当一个浏览者在浏览器地址框中输入某一个域名,或者从其他网站点击链接来到这个域名,浏览器向这个用户的上网接入商发出域名请求,接入商的 DNS 服务器要查询域名数据库,看这个域名的 DNS 服务器是什么。然后到 DNS 服务器中抓取 DNS 记录,也就是获取这个域名指向哪一个 IP 地址。在获得这个 IP 信息后,接入商的服务器就去这个 IP 地址所对应的服务器上抓取网页内容,然后传输给发出请求的浏览器。

这个过程描述起来复杂,但实际上不到一两秒钟就完成了。之所以有的域名解析需要很长时间,是因为上网接入商,例如北京电信、河南电信等,为了要加速用户打开网页的速度,通常在他们的 DNS 服务器中缓存了很多域名的 DNS 记录。这样这个接入商的用户要打开某个网页时,接入商的服务器不需要去查询域名数据库,而是把自己缓存中的 DNS 记录直接使用,从而加快用户访问网站的速度,这是优点。缺点是上网接入商的缓存会存储一段时间,只在需要的时候才更新,而更新的频率没有什么标准。有的 ISP 可能 1 小时更新一次,有的可能长达一两天才更新一次。所以新注册的域名一般来说解析反倒比较快。因为所有的 ISP 都没有缓存,用户访问时 ISP 都是要查询域名数据库,得到最新的 DNS 数据。而老域名如果更改了 DNS 记录,但世界各地的 ISP 缓存数据却不是立即更新的。这样不同 ISP 下的不同用户,有的可以比较快地获取新的 DNS 记录,有的就要等 ISP 缓存的下一次更新。

DNS 服务器和网页服务器可以是同一个提供商提供的,也可以是不同的提供商提供的。通常虚拟主机提供商也提供自己的 DNS 服务器,这样用户只要把自己的域名指向虚拟主机提供商自己的域名服务器就可以了。有的用户喜欢使用域名注册服务商提供的 DNS 服务器,这时候用户就要在域名注册商的 DNS 服务器中更改 DNS 记录,如 A 记录、MX 记录等到虚拟主机提供商的 IP 地址。域名服务器区域(DNS zone:Domain Name Server zone)是在 DNS 树中的授权点。它包括来自向下的特定点的所有名称,除了那些其他的权威区域。权威的名称服务器能够被其他 DNS 要求做名称到地址的转换。很多域名服务器能够在一个组织之内存在,但是仅那些被根域名所知的能够被通过 Internet 的用户访问。其他的域名服务器响应仅仅是内部访问。

## 3.1.3　发展历史

1985 年,Symbolics 公司注册了第一个.com 域名。当时域名注册刚刚兴起,申请者寥寥无几。

1993 年 Internet 上出现 WWW 协议,域名开始流行。

1993 年 Network Solutions(NSI)公司与美国政府签下 5 年合同,独家代理.com、.org、.net 三个国际顶级域名注册权。当时的域名总共才 7000 个左右。

1994 年开始 NSI 向每个域名收取 100 美元注册费,两年后每年收取 50 美元的管理费。

1998 年初,NSI 已注册域名 120 多万个,其中 90％使用.com 后缀,进账 6000 多万美元。当时曾有人推算,到 1999 年中期,该公司仅域名注册费一项就将年创收 2 亿美元。

1997 年 7 月 1 日,作为美国政府"全球电子商务体系"管理政策的一部分,克林顿委托美国商务部对域名系统实施民间化和引入竞争机制,并促进国际的参与。7 月 2 日,美国商务部公布了面向公众征集方案和评价的邀请,对美国政府在域名管理中的角色、域名系统的总体结构、新顶级域名的增加、对注册机构的政策和商标事务的问题征集各方意见。

1998 年 1 月 30 日,美国政府商务部通过其网站正式公布了《域名技术管理改进草案(讨论稿)》。这项由克林顿总统的 Internet 政策顾问麦格日那主持完成的"绿皮书"申明了美国政府将"谨慎和和缓"地将 Internet 域名的管理权由美国政府移交给民间机构,"绿皮书"总结了在域名问题上的四项基本原则,即移交过程的稳定性、域名系统的竞争性、"彻底的"协作性和民间性,以及反映所有国际用户需求的代表性。在这些原则下,"绿皮书"提出组建一个民营的非盈利性企业接管域名的管理权,并在 1998 年 9 月 30 日前将美国政府的域名管理职能交给这个联合企业,并最迟在 2000 年 9 月 30 日前顺利完成所有管理角色的移交。

1998 年 6 月克林顿政府发表一份白皮书,建议由非盈利机构接管政府的域名管理职能。这份报告没有说明该机构的资金来源,但规定了一些指导原则,并建议组建一个非盈利集团机构。

1998 年 9 月 30 日美国政府终止了它与目前的域名提供商 NSI 之间的合同。双方的一项现有协议将延期两年至 2000 年 9 月 30 日。根据该协议,NSI 将与其他公司一道承接 Internet 顶级域名的登记工作。NSI 和美国商务部国家电信和信息管理局(NTIA)将于 1999 年 3 月 31 开始分阶段启动共享登记系统,至 1999 年 6 月 1 日完全实施。

1998 年 10 月组建 ICANN,一个非盈利的 Internet 管理组织。它与美国政府签订协议,接管了原先 IANA 的职责,负责监视与 Internet 域名和地址有关的政策和协议,而政府则采取不干预政策。

### 3.1.4　域名服务器的配置

下面以 Windows Server 2008 DNS 服务器的安装与配置为例,安装 DNS 服务的操作步骤如下:

(1) 以管理员账户登录到 Windows Server 2008 系统,选择"开始"→"程序"→"管理工具"→"服务器管理器",如图 3-1 所示。

(2) 运行"添加角色"向导,如图 3-2 所示。

(3) 在"角色"列表框中选中"DNS 服务器"复选框,单击"下一步"按钮,配置过程如图 3-3～图 3-6 所示。

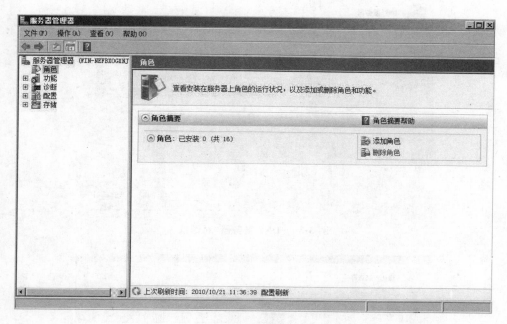

图 3-1 服务器管理器

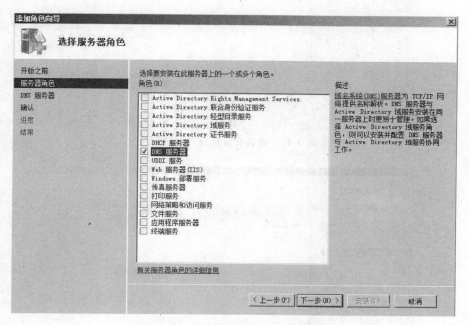

图 3-2 "选择服务器角色"对话框

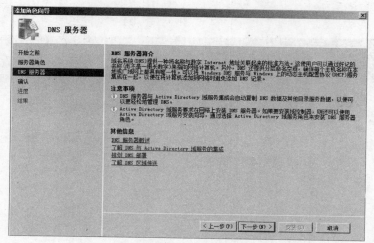

图 3-3　"DNS 服务器"对话框

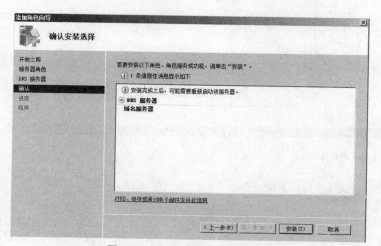

图 3-4　"确认安装选择"对话框

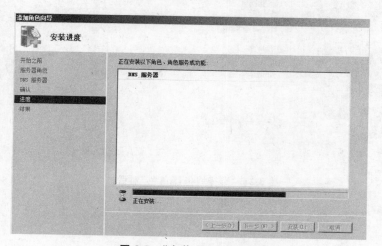

图 3-5　"安装进度"对话框

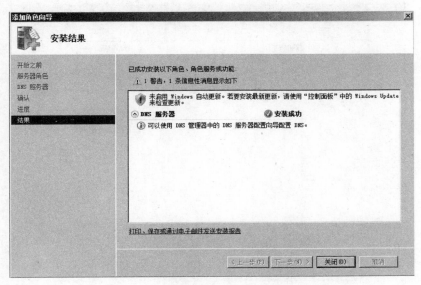

**图 3-6 "安装结果"对话框**

（4）单击"关闭"按钮，返回"初始配置任务"窗口。连击"开始"→"管理工具"→
"DNS"选项，如图 3-7 所示。

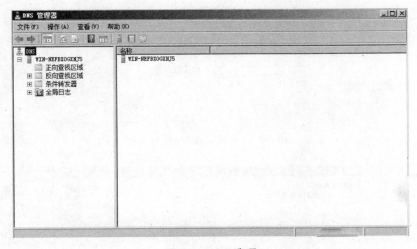

**图 3-7 DNS 选项**

（5）为了使 DNS 服务器能够将域名解析成 IP 地址，必须首先在 DNS 区域中添加正
向查找区域。右击"正向查找区域"，选择"新建区域"，配置过程如图 3-8～图 3-10 所示。

（6）在"区域名称"对话框中，输入在域名服务机构申请的正式域名，如 sdfi. edu. cn，
单击"下一步"按钮，如图 3-11 所示。

（7）选择"创建新文件"，文件名使用默认即可。如果要从另一个 DNS 服务器将记录
文件复制到本地计算机，则选中"使用此现存文件"单选按钮，并输入现存文件的路径。
单击"下一步"按钮，如图 3-12 所示。

**Web技术**

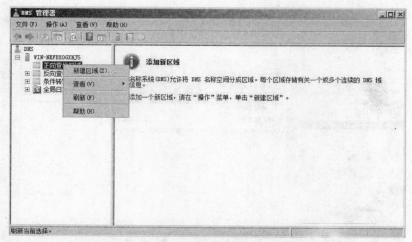

图 3-8　选择"新建区域"

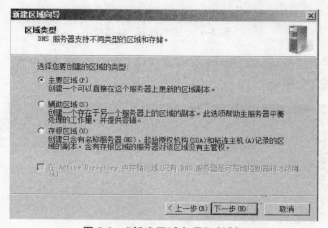

图 3-9　"新建区域向导"对话框

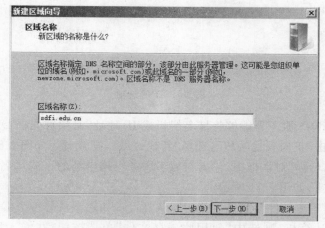

图 3-10　"区域名称"对话框

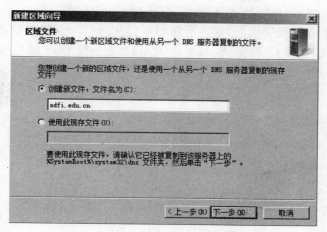

图 3-11　"区域文件"对话框

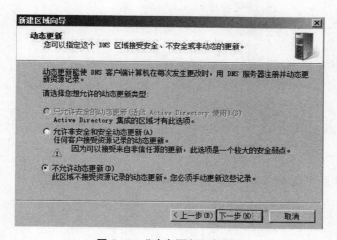

图 3-12　"动态更新"对话框

（8）选择"不允许动态更新"单选按钮，单击"下一步"按钮，如图 3-13 所示。

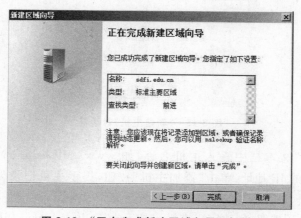

图 3-13　"正在完成新建区域向导"对话框

单击"完成"按钮,完成向导,创建完成"sdfi. edu. cn"区域。

(9) DNS 服务器配置完成后,要为所属的域(sdfi. edu. cn)提供域名解析服务,还必须在 DNS 域中添加各种 DNS 记录,如 Web 及 FTP 等使用 DNS 域名的网站等都需要添加 DNS 记录来实现域名解析。以 Web 网站来举例,就需要添加主机 A 记录,如图 3-14 所示。

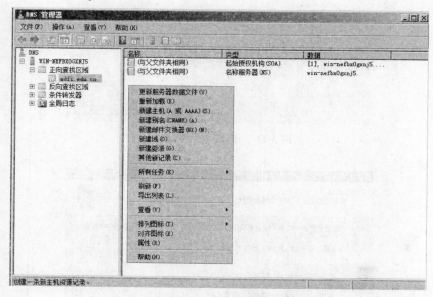

**图 3-14    DNS 管理器**

选择"新建主机",如图 3-15 所示。

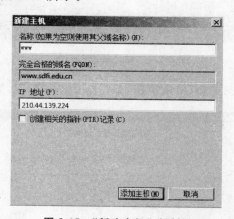

**图 3-15    "新建主机"对话框**

(10) 在"名称"文本框中输入主机名称,如 www. sdfi, edu. cn,在"IP 地址"文本框中输入主机对应的 IP 地址,单击"添加主机"按钮,提示主机记录创建成功,如图 3-16 所示。

(11) 单击"确定"按钮,创建完成主机记录 www. sdfi. edu. cn,如图 3-17 所示。

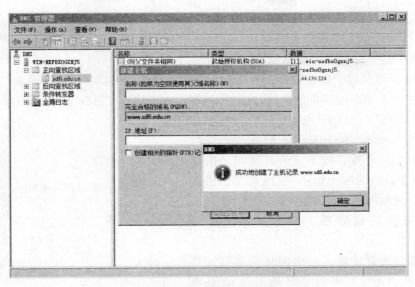

**图 3-16　创建主机记录成功**

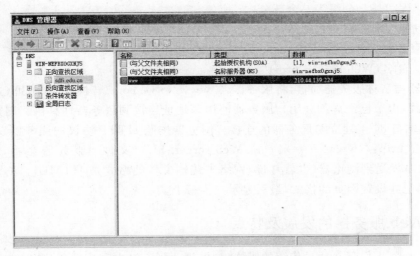

**图 3-17　DNS 管理器**

当用户访问该地址时,DNS 服务器即可自动解析成相应的 IP 地址。按照同样的步骤,可以添加多个主机记录。

# 3.2　Web 服务器

## 3.2.1　定义

Web 服务器也称为 WWW(World Wide Web,)服务器,其主要功能是提供网上信息浏览服务。服务器由下列三部分组成:

（1）应用层使用 HTTP 协议。

（2）HTML 文档格式。

（3）浏览器统一资源定位器（URL）。

Web 服务器通过上述三部分正常工作。下面举例说明其具体工作原理：

假设客户正坐在计算机前上网，这时接到朋友的电话说："我刚刚读了一篇精彩的文章！请输入这个 URL 查看一下，网址是"http://\*\*\*\*.com/ Web-server.htm.""于是将该 URL 输入浏览器并按下 Enter 键。无论这个 URL 位于世界的哪个角落，该网页都会出现在屏幕上。这就是统一资源定位器的作用。

将网页传送到屏幕上的步骤如图 3-18 所示。

如果希望更详细地了解将网页传送到计算机屏幕上的过程，下面就是幕后发生的基本步骤。

图 3-18　网页的传送

浏览器将 URL 分解为三个部分：

（1）协议（http，超文本传输协议）。

（2）服务器名（www.\*\*\*\*.com）。

（3）文件名（Web-server.htm）。

浏览器与名称服务器通信，将服务器名"www.\*\*\*\*.com"转换成 IP 地址（这就是域名解析过程，上节已经详细介绍），服务器使用该地址连接到服务器计算机。浏览器以该 IP 地址在端口 80 上建立与服务器的连接。浏览器按照 HTTP 协议向服务器发送 GET 请求，请求"http://www.\*\*\*\*.com/Web-server.htm"文件。服务器会将该网页的 HTML 文本发送到浏览器（也就是说，网络中传输文件的格式是 HTML）。浏览器读取 HTML 标记并设置网页的格式，最后显示在屏幕上。

## 3.2.2　Web 服务器的发展及特点

长期以来，人们只是通过传统的媒体（如电视、报纸、杂志和广播等）获得信息。但随着计算机网络的发展，人们想要获取信息，已不再满足于传统媒体那种单方面传输和获取的方式，而希望有一种主观的选择性。现在，网络上提供各种类别的数据库系统，如文献期刊、产业信息、气象信息、论文检索等。由于计算机网络的发展，信息的获取变得非常及时、迅速和便捷。

到了 1993 年，WWW 的技术有了突破性的进展，它解决了远程信息服务中文字显示、数据连接以及图像传递的问题，使得 WWW 成为 Internet 上最为流行的信息传播方式。现在，Web 服务器成为 Internet 上最大的计算机群，Web 文档之多、链接的网络之广，令人难以想象。可以说，Web 为 Internet 的普及迈出了开创性的一步，是近年来 Internet 上取得的最激动人心的成就。

WWW 采用的是客户/服务器结构，其作用是整理和储存各种 WWW 资源，并响应客户端软件的请求,把客户所需的资源传送到 Windows、UNIX 或 Linux 等平台上。

### 3.2.3　IIS 的安装与配置

　　Microsoft 的 Web 服务器产品为 Internet Information Server(IIS),IIS 是允许在公共 Intranet 或 Internet 上发布信息的 Web 服务器。IIS 是目前最流行的 Web 服务器产品之一,很多著名的网站都是建立在 IIS 的平台上。IIS 提供了一个图形界面的管理工具,称为 Internet 服务管理器,可用于监视配置和控制 Internet 服务。

　　IIS 是一种 Web 服务组件,其中包括 Web 服务器、FTP 服务器、NNTP 服务器和 SMTP 服务器,分别用于网页浏览、文件传输、新闻服务和邮件发送等方面,它使得在网络(包括互联网和局域网)上发布信息成了一件很容易的事。它提供 ISAPI(Intranet Server API)作为扩展 Web 服务器功能的编程接口;同时,它还提供一个 Internet 数据库连接器,可以实现对数据库的查询和更新。

#### 1. IIS 的详细安装过程介绍

　　(1) 打开"控制面板",然后启动"添加/删除程序",在弹出的对话框中选择"添加/删除 Windows 组件",在 Windows 组件向导对话框中选中"Internet 信息服务(IIS)",然后单击"下一步"按钮,按向导指示,完成对 IIS 的安装,如图 3-19 所示。

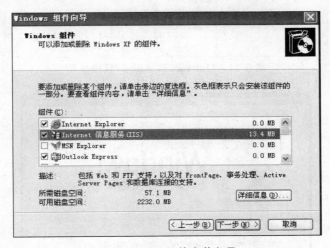

**图 3-19　IIS 组件安装向导**

　　(2) 启动 Internet 信息服务(IIS):IIS 安装完成后,单击"开始"→"所有程序"→"管理工具"命令,窗口中会出现 Internet 信息服务图标,如图 3-20 所示,双击该图标即可启动"Internet 信息服务"管理工具,如图 3-21 所示。

　　在默认情况下,IIS 服务是停止状态,可选中"默认网站",单击工具栏上的"启动项目"图标启动该服务。

　　(3) 测试 IIS 是否安装成功:安装并启动 IIS 后,打开浏览器窗口,在地址栏中输入 http://localhost 并按 Enter 键,若安装成功,浏览器窗口将显示如图 3-22 所示的页面。

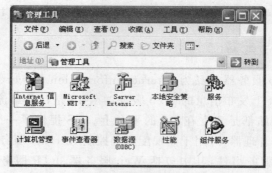

图 3-20　"管理工具"窗口

图 3-21　"Internet 信息服务"管理工具

图 3-22　IIS 服务欢迎页面

单击联机文档出现如图 3-23 所示页面。

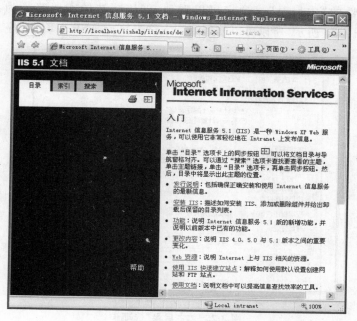

图 3-23 IIS 联机文档

## 2. Internet 信息服务的配置

（1）IIS 安装后，系统自动创建了一个默认的 Web 站点。右击 Internet 信息服务管理器中的"默认 Web 站点"，在弹出的快捷菜单中选择"属性"，此时就可以打开"站点属性设置"对话框，如图 3-24 所示。在该对话框中，可完成对站点的全部配置。

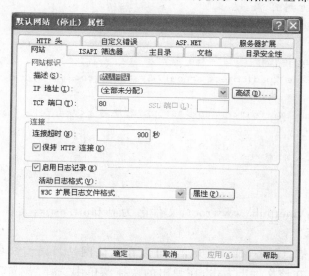

图 3-24 "站点属性设置"对话框

（2）利用默认网站执行 ASP．NET 程序。

．从站点属性的"主目录"选项卡可以看到，默认网站的本地路径为：c：\inetpub\wwwroot，如图 3-25 所示，所以可以使用下列方法来执行 ASP．NET 程序。

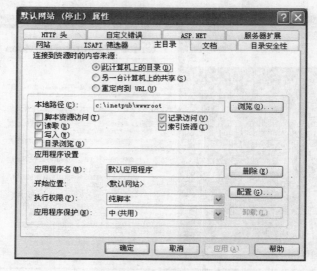

**图 3-25** "主目录"选项卡

在记事本程序中输入如下 ASP．NET 程序代码：

代码段 3-1。

```
<%@ Page Language="C#"%>
<HTML>
<head>
<title>ASP.NET 测试</title>
</head>
<body>
<script language="C#" runat="server">
private void Page_Load(object sender, System.EventArgs e)
    {
        Response.Write("<center>ASP.NET 程序测试</center> ");
    }
</script>
</body>
</HTML>
```

保存文件到 c：\inetpub\wwwroot，文件名为 default．aspx，文件类型选择"所有文件"，如图 3-26 所示。

打开 Internet 信息服务（IIS）管理器，可以在默认网站目录窗口中找到刚才建立的 default．aspx 文件，在该文件上右击，在弹出的快捷菜单中选择"浏览"，可打开浏览器窗口，如图 3-27 所示。

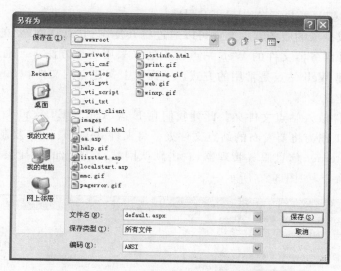

**图 3-26　保存.aspx 文件到默认网站本地路径**

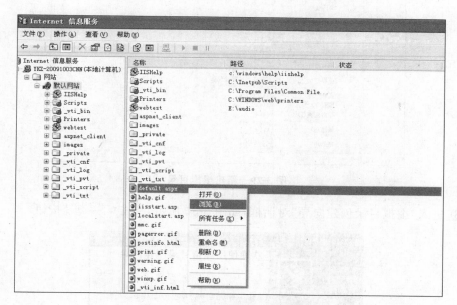

**图 3-27　在 IIS 管理器中浏览文件**

default.aspx 文件被执行,结果如图 3-28 所示。

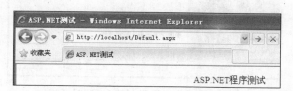

**图 3-28　default.aspx 文件的执行结果**

（3）设置虚拟目录执行 ASP. NET 程序。

对于独立或少量的服务器端文件可以通过将其复制到"默认网站"的方式加以执行，但对于含有多种服务器文件的 Web 站点就不适于采用这种方法了。通过在 IIS 中建立虚拟目录来管理 Web 站点是常用的方式。下面以上文建立的文件 default. aspx 为例，说明虚拟目录的建立步骤。

① 将该文件放入站点文件夹。此处我们在 E 盘 ASP. NET 文件夹下新建一个站点文件夹 website1 作为将要发布的站点文件夹。将文件 default. aspx 复制到此文件夹下。

② 打开 Internet 信息服务管理器，右击默认网站，在弹出的快捷菜单中选择"新建"→"虚拟目录"命令，如图 3-29 所示。

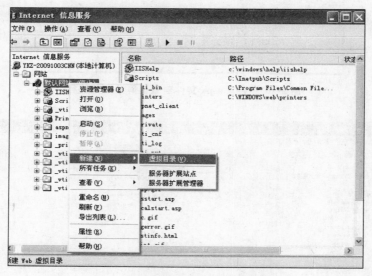

图 3-29 新建虚拟目录

③ 进入"虚拟目录创建向导"对话框，如图 3-30 所示，单击"下一步"按钮。

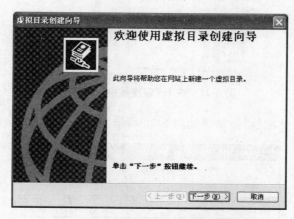

图 3-30 "虚拟目录创建向导"对话框

④ 输入虚拟目录的别名,这是站点发布后用户通过 URL 访问站点的名称,该处命名为 webtest,如图 3-31 所示。

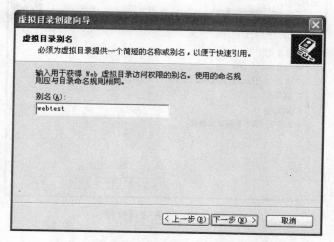

**图 3-31 定义虚拟目录别名**

⑤ 在接下来的窗口中选择或输入将要发布的站点文件夹物理路径,此处为 E:\ASP. NET\ website1,如图 3-32 所示。

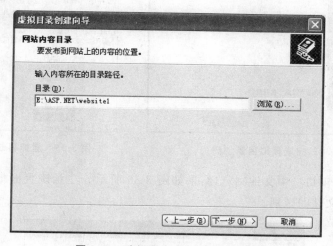

**图 3-32 选择要发布的站点文件夹**

⑥ 设置访问权限,如图 3-33 所示。

读取访问表示将目录内容从 IIS 传递到浏览器。执行访问可以使在该目录内执行可执行文件。在设置 Web 站点时,可以将站点文件夹中的 HTML 文件同服务器文件分开放置在不同的目录下,然后将 HTML 子目录设置为“读”,将服务器文件子目录设置为“执行”,这可以提高服务器文件的安全性,防止了程序内容被客户所访问。单击“下一步”按钮,完成虚拟目录创建,如图 3-34 所示。

建立该虚拟目录后,Internet 信息服务管理器中出现节点 webtest,如图 3-35 所示。

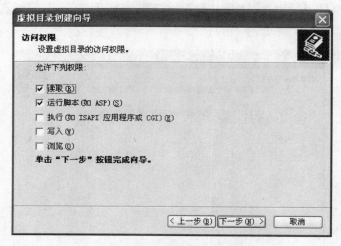

图 3-33　设置访问权限

图 3-34　完成虚拟目录创建

图 3-35　虚拟目录节点 webtest

在右侧目录窗口选中文件浏览,结果如图 3-36 所示。注意该页面地址与直接在"默认网站"中浏览文件的区别。

图 3-36　在虚拟目录 webtest 中浏览 default.aspx

建立虚拟目录来管理 Web 站点具有非常重要的意义。由于虚拟目录隐藏了有关站点目录结构的重要信息,使用户无法通过浏览器获取页面文件的物理路径信息,从而使系统避免受到攻击。另外通过对两台服务器设置相同的虚拟目录,可以在不对页面代码做任何改动的情况下,将 Web 页面在计算机间进行页面移植,并且用户通过对目录设置不同的属性,如读取、执行、写入等对站点内的不同文件设置访问权限。

### 3.2.4　Tomcat 的安装与配置

　　Tomcat 是一个开放源代码、运行 Servlet 和 JSP Web 应用软件的基于 Java 的 Web 应用软件容器。Tomcat Server 是根据 Servlet 和 JSP 规范进行执行的,因此就可以说 Tomcat Server 也实行了 Apache-Jakarta 规范且比绝大多数商业应用软件服务器要好。由于近年来 Tomcat 的不断升级,很多 Web 服务器都采用 Tomcat。下面讲简单的 Tomcat 配置方法(Windows 平台下)。

　　(1) 下载 Apache-Tomcat 免费安装包,笔者当前使用的 Tomcat 是 7.0.0 版(下载时选择与操作系统处理的位数匹配的版本,笔者当前的版本是 Apache-Tomcat-7.0.0-Windows-x64)。

　　(2) 打开 bin 目录找到 startup.bat 文件,运行后结果如图 3-37 所示。

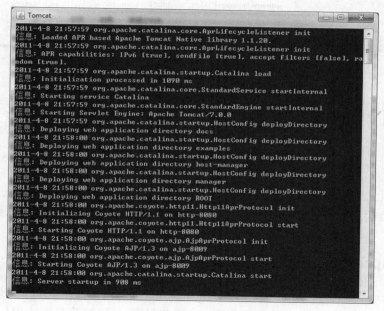

**图 3-37　运行 startup.bat**

　　(3) startup.bat 文件会自动配置环境,并启动 Tomcat 服务器。打开 http://localhost:8080,如图 3-38 所示。

　　(4) 配置 Java Web 应用程序:将已经完成的应用程序复制至 webapps 目录下,如图 3-39 所示。

　　webapps 目录下含有 Tomcat 的应用程序实例,本文通过运行其中一个名为 examples 应用程序实例展示 Tomcat 的使用,在地址栏中输入: http://localhost:8080/examples/index.html ,显示结果如图 3-40 所示。

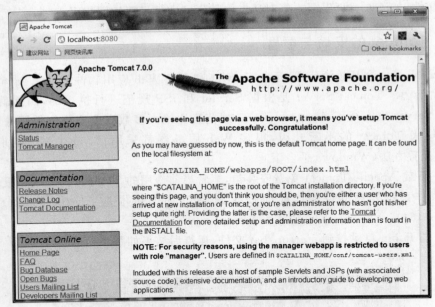

图 3-38    测试服务器

图 3-39    Tomcat 的文件目录

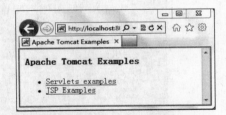

图 3-40    应用程序实例显示效果

### 3.2.5    AppServ 的安装与配置

AppServ 是一种常用的 PHP 架站工具组合包,它将 Apache、PHP、MySQL、phpMyAdmin 等架站资源重新包装成单一的安装程序,只需按照普通应用软件的安装方式就可以实现 PHP 开发环境的快速搭建,是初学者的首选。

AppServ 的下载地址为 http://www.appservnetwork.com,安装过程中大部分步骤使用默认设置即可。默认安装路径为 C:\AppServ;默认端口号为 80 端口,如图 3-41 所示。

如安装 MySQL 服务,需设置 MySQL 数据库的用户登录密码,并将字符集设置为"GB2312 Simplified Chinese"简体中文形式,如图 3-42 所示。

按照默认设置安装完成 AppServ 之后,C:\AppServ 路径下会包含 4 个子目录,其中 www 目录是用来存放网页文件的根目录,其余三个目录分别是 Apache、PHP、MySQL 的安装文件,所有 PHP 网页文件必须存放在 www 目录下才能够正常运行。安装完成

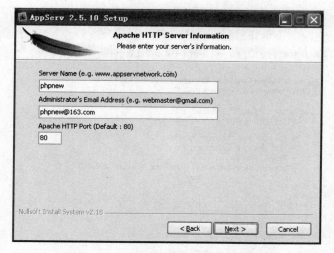

**图 3-41** "**AppServ 端口设置**"对话框

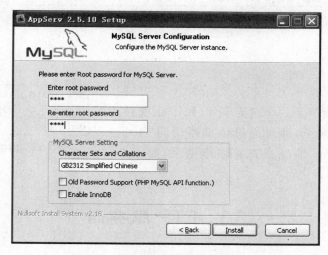

**图 3-42** "**参数设置**"对话框

后,打开浏览器,在地址栏输入"http://localhost"或"http://127.0.0.1"即可出现 Apache 的欢迎页面,如图 3-43 所示。

下面是一个最简单的 PHP 实例"Hello World!"。

代码段 3-2。

```html
<html>
<head>
<title>第一个 PHP 实例</title>
</head>
<body>
<?php
    echo "Hello, World!";          //输出 Hello, World!
```

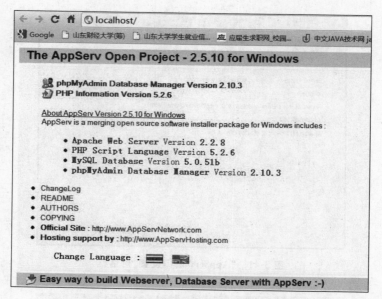

图 3-43　Apache 的欢迎页面

```
?>
</body>
</html>
```

　　将以上代码保存为一个名为 first. PHP 的文件,存放在 www 根目录下,即可通过浏览器访问"http://localhost/first.php"地址来查看输出结果,如图 3-44 所示。

图 3-44　PHP 实例效果图

# 3.3　FTP 服务器

## 3.3.1　FTP 服务器的定义

　　FTP 服务器是在互联网上提供存储空间的计算机,它们依照 FTP 协议提供服务。FTP 的全称是 File Transfer Protocol(文件传输协议)。顾名思义,就是专门用来传输文件的协议。简单地说,支持 FTP 协议的服务器就是 FTP 服务器。

## 3.3.2　FTP 服务器简介

　　一般来说,用户联网的首要目的就是实现信息共享,文件传输是信息共享非常重要的内容之一。Internet 上早期实现传输文件,并不是一件容易的事,Internet 是一个非常复杂的计算机环境,有 PC,有工作站,有 MAC,有大型机,而这些计算机可能运行不同的操作系统,有运行 UNIX 的服务器,也有运行 DOS、Windows 的 PC 和运行 MacOS 的苹果机等,而各种操作系统之间的文件交流问题,需要建立一个统一的文件传输协议,这就是所谓的 FTP。基于不同的操作系统有不同的 FTP 应用程序,而所有这些应用程序都遵守同一种协议,这样用户就可以把自己的文件传送给别人,或者从其他的用户环境中获得文件。

与大多数 Internet 服务一样,FTP 也是一个客户机/服务器系统。用户通过一个支持 FTP 协议的客户机程序,连接到在远程主机上的 FTP 服务器程序。用户通过客户机程序向服务器程序发出命令,服务器程序执行用户所发出的命令,并将执行的结果返回到客户机。例如,用户发出一条命令,要求服务器向用户传送某一个文件的一份副本,服务器会响应这条命令,将指定文件送至用户的计算机上。客户机程序代表用户接收到这个文件,将其存放在用户目录中。

### 3.3.3　FTP 服务器软件

#### 1. Serv-U

Serv-U 是一种被广泛运用的 FTP 服务器端软件,支持 3x/9x/Me/NT/2000 等全 Windows 系列。可以设定多个 FTP 服务器、限定登录用户的权限、登录主目录及空间大小等,功能非常完备。它具有非常完备的安全特性,支持 SSI FTP 传输,支持在多个 Serv-U 和 FTP 客户端通过 SSL 加密连接保护您的数据安全等。

通过使用 Serv-U,用户能够将任何一台 PC 设置成一个 FTP 服务器,这样,用户或其他使用者就能够使用 FTP 协议,通过在同一网络上的任何一台 PC 与 FTP 服务器连接,进行文件或目录的复制、移动、创建和删除等。FTP 协议是专门被用来规定计算机之间进行文件传输的标准和规则,正是因为有了像 FTP 这样的专门协议,才使得人们能够通过不同类型的计算机,使用不同类型的操作系统,对不同类型的文件进行相互传递。

#### 2. VSFTP

VSFTP 是一个基于 GPL 发布的类 UNIX 系统上使用的 FTP 服务器软件,它的全称是 Very Secure FTP,从此名称可以看出来,编制者的初衷是代码的安全。

除了这与生俱来的安全特性以外,高速与高稳定性也是 VSFTP 的两个重要特点。

在速度方面,使用 ASCII 代码的模式下载数据时,VSFTP 的速度是 Wu-FTP 的两倍,如果 Linux 主机使用 2.4. ＊ 的内核,在千兆以太网上的下载速度可达 86MBps。

在稳定方面,VSFTP 更加出色,VSFTP 在单机(非集群)上支持 4000 个以上的并发用户同时连接,根据 Red Hat 的 FTP 服务器(ftp. redhat. com)的数据,VSFTP 服务器可以支持 15 000 个并发用户。

### 3.3.4　FTP 服务器安装与配置

这里以在 Windows 7 上搭建 FTP 服务器为例。

(1) 安装 FTP 服务,安装过程如图 3-45 所示,在图 3-46 中选择 FTP 服务器。

(2) 在 IIS 控制面板里添加 FTP 站点,其过程如图 3-47～图 3-53 所示。

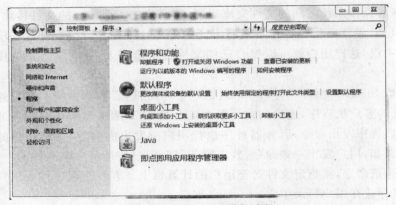

**图 3-45　安装 FTP 服务过程**

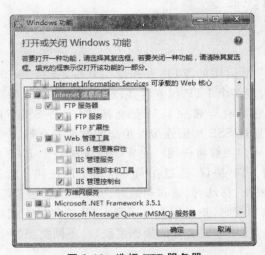

**图 3-46　选择 FTP 服务器**

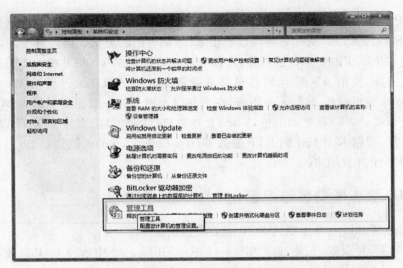

**图 3-47　管理工具**

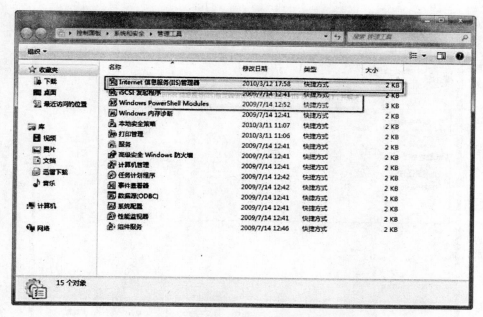

**图 3-48　Internet 信息服务管理器**

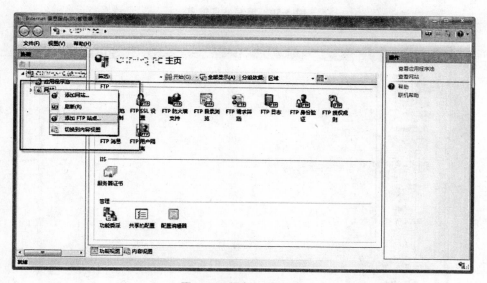

**图 3-49　添加 FTP 站点**

（3）配置 FTP 站点，如图 3-54 所示。

（4）测试站点是否正常工作，输入 ftp://192.168.10.13，如图 3-55 所示（注：测试之前必须先打开 Microsoft FTP 服务，也就是 Windows 下的 FTP 服务器提供的服务；此 IP 地址为本机地址）。

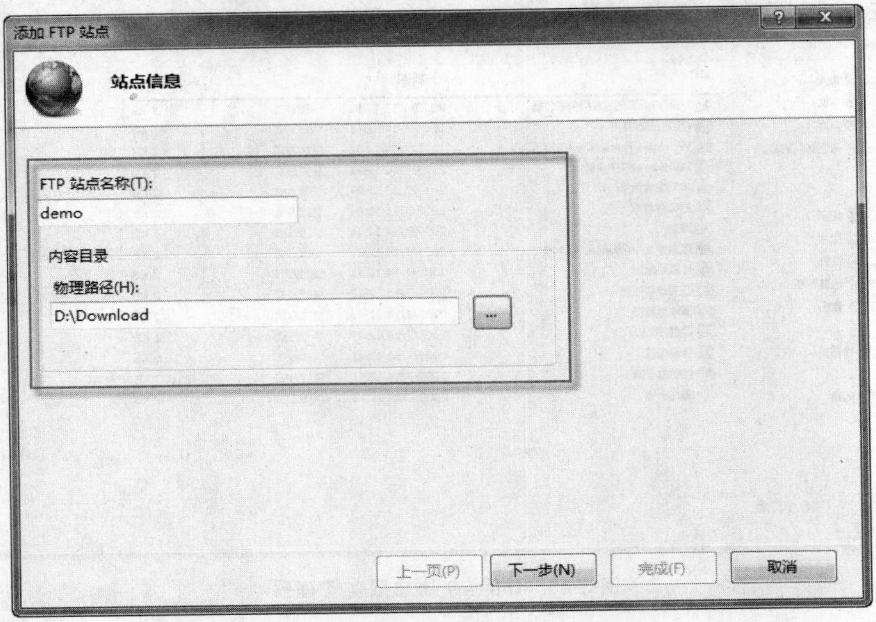

图 3-50 填写站点信息

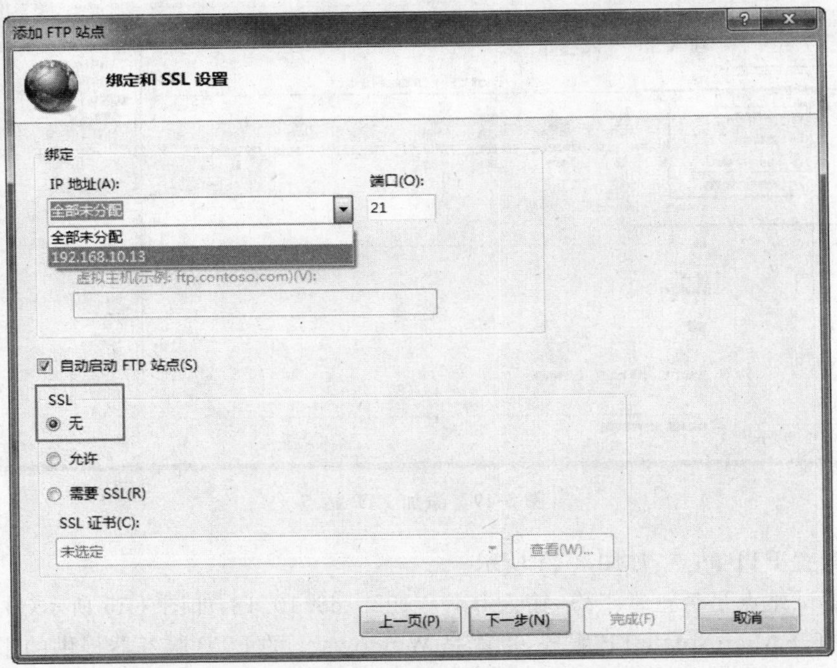

图 3-51 绑定和 SSL 设置

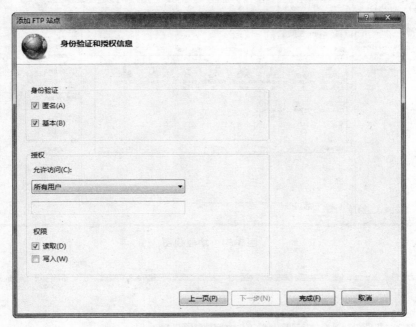

图 3-52　身份验证和授权信息（身份验证）

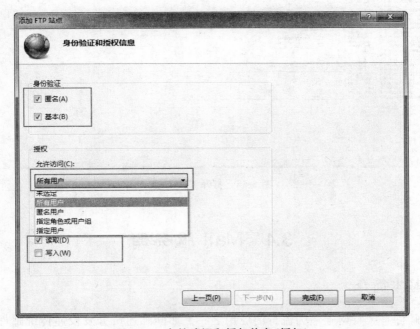

图 3-53　身份验证和授权信息（授权）

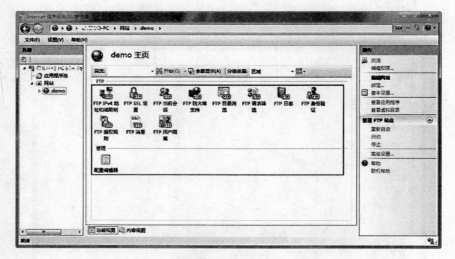

图 3-54　功能视图

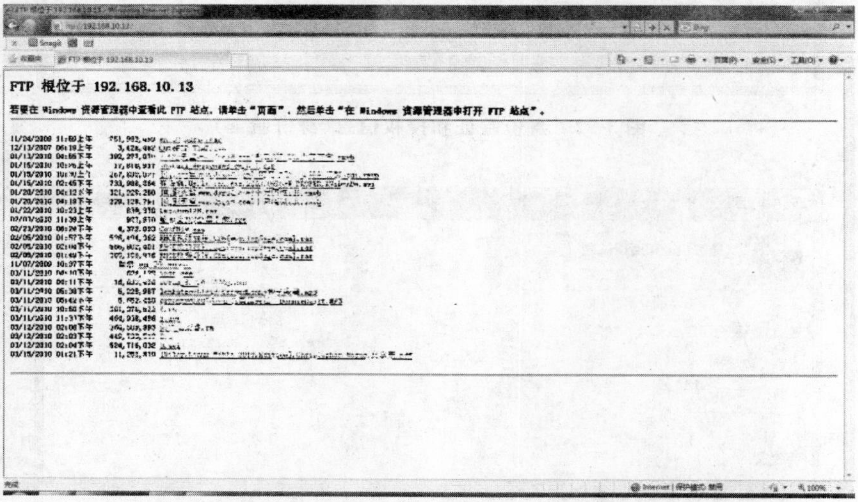

图 3-55　打开 FTP 站点

## 3.4　Mail 服务器

### 3.4.1　基本简介

电子邮件是因特网上最为流行的应用之一。如同邮递员分发投递传统邮件一样，电子邮件也是异步的，也就是说人们是在方便的时候发送和阅读邮件的，无须预先与别人协同。与传统邮件不同，电子邮件既迅速，又易于分发，而且成本低廉。另外，现代的电子邮件消息可以包含超链接、HTML 格式文本、图像、声音甚至视频数据。我们将在本文中查看处于因特网电子邮件核心地位的应用层协议。

## 3.4.2 邮件服务器原理

邮件服务器构成了电子邮件系统的核心。每个收信人都有一个位于某个邮件服务器上的邮箱(Mailbox)。Bob 的邮箱用于管理和维护已经发送给他的邮件消息。一个邮件消息的典型旅程是从发信人的用户代理开始,游经发信人的邮件服务器,中转到收信人的邮件服务器,然后投递到收信人的邮箱中。当 Bob 想查看自己的邮箱中的邮件消息时,存放该邮箱的邮件服务器将以他提供的用户名和口令认证他。Alice 的邮件服务器还得处理 Bob 的邮件服务器出故障的情况。如果 Alice 的邮件服务器无法把邮件消息立即递送到 Bob 的邮件服务器,Alice 的服务器就把它们存放在消息队列(Message Queue)中,以后再尝试递送。这种尝试通常每 30 分钟左右执行一次,要是过了若干天仍未尝试成功,该服务器就把这个消息从消息队列中去除,同时以另一个邮件消息通知发信人(即Alice)。

简单邮件传送协议(SMTP)是因特网电子邮件系统首要的应用层协议。它使用由TCP 提供的可靠的数据传输服务把邮件消息从发信人的邮件服务器传送到收信人的邮件服务器。跟大多数应用层协议一样,SMTP 也存在两个端:在发信人的邮件服务器上执行的客户端和在收信人的邮件服务器上执行的服务器端。SMTP 的客户端和服务器端同时运行在每个邮件服务器上。当一个邮件服务器在向其他邮件服务器发送邮件消息时,它是作为 SMTP 客户在运行;当一个邮件服务器从其他邮件服务器接收邮件消息时,它是作为 SMTP 服务器在运行。

## 3.4.3 邮件服务器网络协议

### 1. SMTP

SMTP 在 RFC 821 中进行定义,它的作用是把邮件消息从发信人的邮件服务器传送到收信人的邮件服务器。SMTP 的历史比 HTTP 早得多,其 RFC 是在 1982 年编写的,而 SMTP 的现实使用又在此前多年就有了。尽管 SMTP 有许多奇妙的品质(它在因特网上的无所不在就是见证),但却是一种拥有某些"古老"特征的传统战术。例如,它限制所有邮件消息的信体(而不仅仅是信头)必须是简单的 7 位 ASCII 字符格式。这个限制在 20 世纪 80 年代早期是有意义的,当时因特网传输能力不足,没有人在电子邮件中附带大数据量的图像、音频或视频文件。然而到了多媒体时代的今天,这个限制就多少显得局促了——它迫使二进制多媒体数据在由 SMTP 传送之前首先编码成 7 位 ASCII 文本;SMTP 传送完毕之后,再把相应的 7 位 ASCII 文本邮件消息解码成二进制数据。HTTP 不需要对多媒体数据进行这样的编码解码操作。

### 2. POP3

POP3(Post Office Protocol 3)即邮局协议的第 3 个版本,它规定怎样将个人计算机连接到 Internet 的邮件服务器和下载电子邮件的电子协议。它是因特网电子邮件的第一个离线协议标准，POP3 允许用户从服务器上把邮件存储到本地主机（即自己的计算机）上，同时删除保存在邮件服务器上的邮件，而 POP3 服务器则是遵循 POP3 协议的接收邮件服务器。

### 3.4.4　邮件服务器软件

**1. WebEasyMail**

WebEasyMail 是一个基于 Windows 平台，并服务于中、小型网站及企业的 Internet（因特网）和 Intranet（企业局域网）全功能 Web 邮件服务器。是一个较好的国产 Web 邮件服务器。WebEasyMail 通过与微软 IIS（Microsoft Internet Information Services）的紧密集成，提供 Web 下系统管理以及通过浏览器收、发电子邮件等功能。它提供了 14 个对象百种方法及属性，以支持高级用户针对 WebEasyMail 系统所进行的相关 ASP 程序开发。与 ImailServer、CMailServer 、CaisMail Server 等相比毫不逊色。

**2. MuseMail Server**

MuseMail 的界面如图 3-56 所示。

图 3-56　MuseMail

MuseMail Server 从 3.0 版本开始，改变原有的基于文件型数据库的存储方式，采用易检索、高速度、数据备份、安全性和灵活性上更具效率的数据库。以适应日新月异的数字存储数据库化和海量数据存储的要求。与传统邮件服务器一样，MuseMail Server 支持互联网邮件收发、网页邮件收发、邮件杀毒、智能邮件过滤、邮件监视、邮件备份、邮件转发、多域名邮件收发和邮件发送验证等功能。同时，由于内核基于数据库，MuseMail Server 提供的内核和 Webmail 无论是速度效率还是安全性都有传统邮件服务器无法比拟的优势。开放式的 COM API 和数据库结构，支持存储过程和视图，这对大部分数据库维护人员和开发人员来说，他们可以对 MuseMail Server 自行定义和并在其之上进行集成和二次开发，使得 MuseMail Server 的灵活性在同类产品中更胜一筹。

### 3. GCMail

GCMail Server 是一款易安装、易维护，功能齐全，反病毒、反垃圾邮件超强的邮件服务器软件，与卡巴斯基合作联盟，内嵌卡巴斯基的反病毒、反垃圾邮件杀毒引擎，基于路由行为识别、智能学习规则策略的反垃圾过滤引擎，拥有 C/S 与 B/S 管理控制器，快速、便捷、全部自动化管理。支持 Windows Server 2000/2003/2008 服务器版操作系统。同时，Webmail 支持的语言有简体中文、繁体中文、国际英文。

## 3.4.5　邮件服务器的配置

下面以 WebEasyMail 为例进行介绍。

### 1. 安装提示

WebEasyMail 的单机版理论最大邮箱数为 30 000 个。实际应用中在 Pentium Ⅱ 以上的 CPU、128MB 内存的主机上可至少支持 1000 个邮箱。安装前为了确保安装平台的安全可靠，在 DNS 上做好 MX 记录，在私有网段上进行配置时，提前做好 IP 地址映射。

### 2. 配置

（1）在"域名管理"中设置域名（如图 3-57 所示）。选择添加域名，如 yourname.com，默认的域名是 system.mail（注：此域名是不可删除的，但是您可以用管理员身份通过浏览器登录 WebMail 系统，然后在"系统设置"的"域名控制"中将此域名隐藏起来）。

（2）在"服务"中设置 DNS（如图 3-58 所示）。如果在 Internet 上提供服务，必须要设置有效的 DNS 服务器地址。

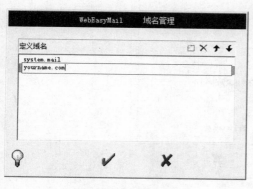

**图 3-57　域名管理**

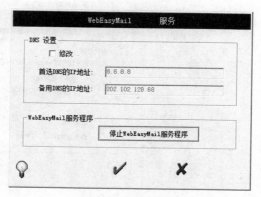

**图 3-58　服务**

（3）添加用户，如图 3-59 所示。

在"系统设置"的"用户管理"里，添加新用户，并指定密码（如用户名为 user，密码为 pass）。

（4）设置发信规则及邮件大小定义，如图 3-60 所示。

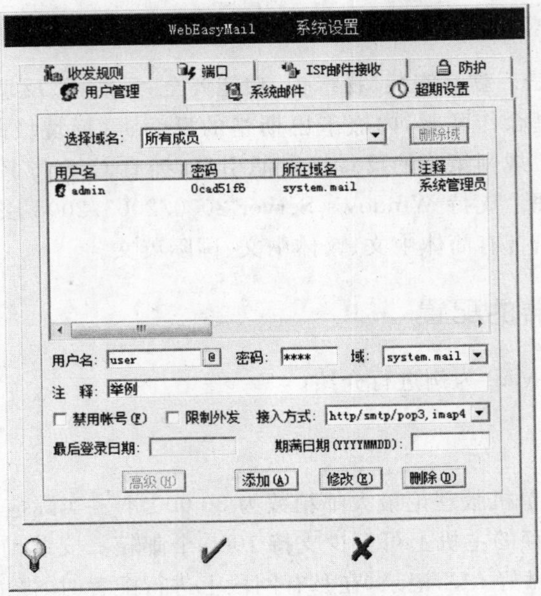

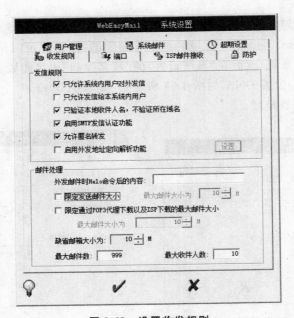

**图 3-59　用户管理**

**图 3-60　设置收发规则**

在"系统设置"的"收发规则"中,选择"启用 SMTP 发信认证功能"。

(5) 设置 WebMail 使用 WebEasyMail 的 WebMail 功能前需要进行 IIS 设置。

在 Windows 7 中的操作过程(注：Windows XP 中的配置过程与 Windows 7 中相同)：

**图 3-61　添加虚拟目录**

（1）打开"Internet 信息服务管理器"。

（2）在"默认 Web 站点"下新增"虚拟目录"名 WebEasyMail（见图 3-61）。

（3）该"虚拟目录"的实际路径指向您安装的 WebEasyMail 路径下的\Web 目录。

（4）启动文件为 default.asp。

## 习　　题

1．Web 服务器也称为 WWW（World Wide Web）服务器，主要功能是提供网上信息浏览服务。服务器由（　　）、（　　）、（　　）组成。

2．举例说明 Web 服务器的基本工作原理。

3．目前流行的 Web 服务器有 Microsoft 的 Web 服务器产品（　　）、Apache 软件基金会下的（　　）。

4．邮件服务器网络协议包括（　　）和（　　）。

5．在本机上完成对域名服务器、Web 服务器（IIS、Tomcat、AppServ 三种任选一种）、FTP 服务器、邮件服务器的配置。

# 第 4 章

# HTML

## 4.1 HTML 基础

HTML(Hyper Text Markup Language)是网页超文本标记语言,也是全球广域网上描述网页内容和外观的标准。

### 4.1.1 HTML 文件的基本结构

HTML 主要通过各种标记来表示和排列各对象,通常由尖括号"<"、">"以及其中所包含的标记元素组成。

HTML 定义了 3 种标记,用于描述页面的整体结构。

(1) <html>标记:它放在 HTML 的开头,表示网页文档的开始。

(2) <head>标记:出现在文档的起始部分,表明文档的头部信息,一般包括标题和主题信息,其结束标记</head>指明文档标题部分的结束。

(3) <body>标记:用来指明文档的主体区域,网页所要显示的内容都放在这个标记内,其结束标记</body>指明主体区域的结束。

代码段 4-1。

```
<html>文件开始标记
<head>文件头开始标记
…文件头的内容
</head>文件头结束的标记
<body>文件主体开始的标记
…文件主体的内容
</body>文件主体结束的标记
</html>文件结束标记
```

**说明**:在 HTML 文件中,所有的标记都是相对应的,开头标记为<>,结束标记为</>,在这两个标记中间添加内容。标记与标记之间还可以嵌套,也可以放置各种属性。

## 4.1.2 HTML 文件的编写方法

HTML 是一种以文字为基础的语言,并不需要什么特殊的开发环境,可以直接在 Windows 自带的记事本中编写。使用记事本编写 HTML 文件的具体操作步骤见 1.3.3 节。下面来介绍 HTML 的另外一种常用的编写方法,使用 Dreamweaver 编写 HTML 文件,其具体操作步骤如下:

(1) 打开 Dreamweaver,新建一个文档,单击文档中的"代码"按钮,打开代码视图,在代码中输入 HTML 代码,如图 4-1 所示。

**图 4-1 HTML 代码**

(2) 输入代码完成后,切换到设计视图,效果如图 4-2 所示。

**图 4-2 设计视图**

### 4.1.3 使用浏览器浏览 HTML 文件

打开 index. html 文件，在 IE 浏览器窗口中可以看到编辑的 HTML 页面效果，如图 4-3 所示。

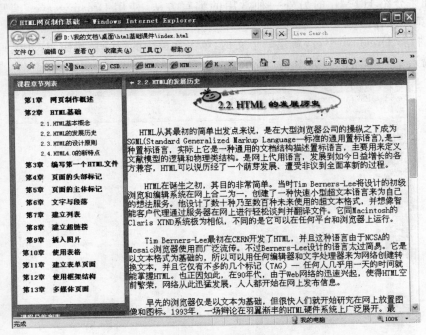

**图 4-3 HTML 页面效果**

另外，如果在浏览网站的时候看到一个制作精美的页面，可以随时通过 Internet Explorer 查看页面的源代码。步骤如下：

（1）打开浏览器，在地址栏输入 http://www. baidu. com，然后按 Enter 键。

（2）页面显示了百度的首页。

（3）选择浏览器主菜单中的"查看/源文件"命令。

这样，就会自动打开记事本来显示页面的源文件。

## 4.2 HTML 基本标记

一个完整的 HTML 文档必须包含 3 部分：一个由<html>元素定义的文档版本信息，一个由<head>定义各项声明的文档头部和一个由<body>定义的文档主体部分。<head>作为各种声明信息的包含元素出现在文档的顶端，并且要先于<body>出现。而<body>用于显示文档的主体内容。本章就来讲解这些基本标记的使用，这些都是一个完整的网页必不可少的。

### 4.2.1　头部标记

在 HTML 语言的头部元素中,一般需要包括标题、基础信息和元信息等。HTML 的头部元素是以<head>为开始标记,以</head>为结束标记。

代码段 4-2。

```
<html>
<head>
<title>文档的标题</title>
</head>
<body>
文档的内容
</body>
</html>
```

**说明**：<head>元素的作用范围是整个文档。<head>元素中可以有<meta>元信息定义、文档样式表定义和脚本等信息,定义在 HTML 语言头部的内容往往不会在网页上直接显示。

### 4.2.2　标题标记

HTML 页面的标题一般是用来说明页面的用途,它显示在浏览器的标题栏中,标题信息设置在<head>和</head>之间。标题标记以<title>开始,以</title>结束。

代码段 4-3。

```
<html>
<head>
<title>XHTML Tag Reference</title>
</head>
<body>
The content of the document...
</body>
</html>
```

**说明**：<title> 标签是 <head> 标签中唯一要求包含的东西。

### 4.2.3　元信息标记

meta 元素提供的信息不显示在页面中,一般用来定义页面的元信息(meta-information),例如针对搜索引擎和更新频度的描述和关键词。meta 元素的属性有 name 和 http-equiv,其中 name 属性主要用于描述网页,以便于搜索引擎查找、分类。

代码段 4-4。

```
<html>
```

```
<head>
<meta name="keywords" content="HTML,ASP,PHP,SQL">
<meta name="description" content="HTML examples">
<meta name="author" content="John">
<title>设置 meta 信息</title>
</head>
<body>
The content of the document...
</body>
</html>
```

**说明：**

（1）在 HTML 中，meta 标记不需要设置结束标记，在一个尖括号内就是一个 meta 内容。

（2）在一个 HTML 页面中可以有多个 meta 元素。

（3）其中，keywords 用于设置页面关键字；description 用于设置页面说明；author 用于设置作者信息。

### 4.2.4　主体标记

网页的主体部分包括要在浏览器中显示处理的所有信息。在网页的主体标记中有很多属性设置，包括网页背景设置、文字属性设置和链接设置等。

代码段 4-5。

```
<html>
<head>
<title>我的 HTML 页面</title>
</head>
<body bgcorlor="yellow" text="#9966CC">
<h2>请看：页面背景和文字的颜色改变了。</h2>
</body>
</html>
```

请看：页面背景和文字的颜色改变了。

浏览器显示结果如图 4-4 所示。

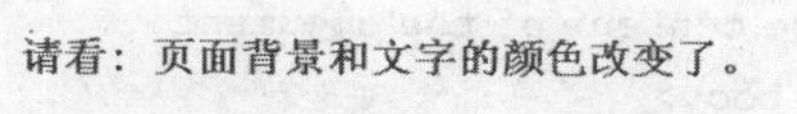

**图 4-4　页面背景和文字显示效果图**

### 4.2.5　页面注释标记

注释是在 HTML 代码中插入的描述性文本，用来解释该代码或提示其他信息。注释只出现在代码中，在浏览器中不显示。

代码段 4-6。

```
<html>
<body>
<!--这是一段注释。注释不会在浏览器中显示。-->
```

```
<p>这是一段普通的段落。</p>
</body>
</html>
```

**说明**：注释语句元素由前后两半部分组成；前半部分由一个左尖括号、一个半角叹号和两个连字符组成；后半部分由两个连字符和一个右尖括号组成。

# 4.3　文字与段落标记

文字是网页中最基本的信息载体，在网页中添加文字并不困难，主要问题是如何编排这些文字，以及控制这些文字的显示方式，让文字看上去编排有序、整齐美观。

## 4.3.1　标题字

HTML 文档中包含各种级别的标题，各种级别的标题由<h1>到<h6>元素来定义。其中，<h1>代表最高级别的标题，依次递减，<h6>级别最低。

代码段 4-7。

```
<h1>This is a heading</h1>
<h2>This is a heading</h2>
<h3>This is a heading</h3>
```

## 4.3.2　文本基本标记

<font>标记用来控制字体、字号和颜色等属性，它是 HTML 中最基本的标记之一，掌握好<font>标记的使用是控制网页文本的基础。

代码段 4-8。

```
<html>
<head>
<title> 文本基本标记</title>
</head>
<body>
<p><font face="宋体" size="6" color="#3333CC">有缘路上左手牵右手</font></p>
<p><font face="华文新魏" size="3" color="#993300">温柔地说晚安</font></p>
</body>
</html>
```

**说明**：face 属性用于定义该段文本所采用的字体名称；size 属性用来设置字体的大小；color 属性用来定义文字的颜色，各属性之间没有先后次序。

浏览器显示如图 4-5 所示。

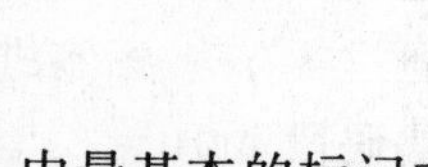

有缘路上左手牵右手
温柔地说晚安

**图 4-5　文本字体显示效果**

### 4.3.3　文本格式化标记

在 HTML 中,还有一些文本格式化标记用来设置文字以特殊的方式显示,如粗体标记、斜体标记和文本的上下文标记。

表 4-1　文本格式化标记表

| 标　　记 | 描　　述 | 标　　记 | 描　　述 |
|---|---|---|---|
| ＜b＞ | 定义粗体文本 | ＜small＞ | 定义小号字 |
| ＜big＞ | 定义大号字 | ＜strong＞ | 定义加重语气 |
| ＜em＞ | 定义着重文字 | ＜sup＞ | 定义上标字 |
| ＜i＞ | 定义斜体字 | ＜sub＞ | 定义下标字 |

代码段 4-9。

```
<b>This text is bold</b>
<big>This text is big</big>
<em>This text is emphasized</em>
<strong>This text is strong</strong>
```

### 4.3.4　段落标记

在网页中如果要把文字有条不紊地显示出来,离不开段落标记的使用。HTML 段落是通过 ＜p＞ 标签进行定义的。

代码段 4-10。

```
<p>This is a paragraph.</p>
<p>This is another paragraph.</p>
```

### 4.3.5　水平线

HTML 中的水平线是通过＜hr＞标记进行定义的。在网页中输入一个＜hr＞标记,就添加一条默认样式的水平线,可以通过 width、size 和 color 等属性设置其样式。

代码段 4-11。

```
<body>
<p>hr 标签定义水平线:</p>
<hr />
<p>这是段落。</p>
<hr width="500" size="3" color="blue" />
<p>这是段落。</p>
</body>
```

说明:width 用于改变水平线的宽度;size 用于改变水平线的高度;color 用于改变水

平线的颜色。

用浏览器显示,水平线显示效果如图 4-6 所示。

> hr 标签定义水平线:
>
> _____
>
> 这是段落。
>
> _____
>
> 这是段落。

**图 4-6　水平线显示效果**

# 4.4　使　用　图　像

图像是网页中不可缺少的元素,巧妙地在网页中使用图像可以为网页增色不少。网页美化最简单、最直接的方法就是在网页上添加图像,图像不但使网页更加美观、形象和生动,而且使网页中的内容更加丰富多彩。

## 4.4.1　插入图像

插入图像通过＜img＞标记进行定义。

代码段 4-12。

```
<img src="/images/house.jpg" width="104" height="142" border="5" />
```

**说明:**

(1) src 属性用于指定图像源文件所在的路径,它是图像必不可少的属性。

(2) width 和 height 属性用来定义图片的高度和宽度,如果＜img＞元素不定义高度和宽度,图片就会按照它的原始尺寸显示。

(3) 默认情况下,图像是没有边框的,通过 border 属性可以为图像添加边框线。

用浏览器显示,图像效果如图 4-7 所示。

**图 4-7　图像效果**

### 4.4.2 图像的超链接

除了文字可以添加超链接之外，图像也可以设置超链接属性。为图像添加超链接，只要将<img>标记放在<a>和</a>之间就可以了。

代码段 4-13。

```
<a href="#"><img src="/images/house.jpg" border="0" /></a>
```

**说明**：在代码中"<a href="#">"和"</a>"部分是为图像添加的空链接，在浏览器中预览，当鼠标指针放在链接的图像上时，鼠标指针会发生相应的变化。

## 4.5 使用列表

列表是一种非常有用的数据排列方式，它以列表的形式来显示数据。

### 4.5.1 认识列表标记

HTML 列表共有 3 种类型：第一种是无序列表，项目符号由几个符号构成；第二种是有序列表，项目符号由字母或数字进行排序；第三种是自定义列表，它用作产生条件和描述的双重列表，可以对列表进行更为灵活的定义。

### 4.5.2 无序列表

无序列表是一个项目的列表，此列项目使用粗体圆点（典型的小黑圆圈）进行标记。无序列表始于 <ul> 标签，每个列表项始于 <li>。

代码段 4-14。

```
<ul>
<li>Coffee</li>
<li>Milk</li>
</ul>
```

**说明**：列表项内部可以使用段落、换行符、图片、链接以及其他列表等。

浏览器显示如图 4-8 所示。

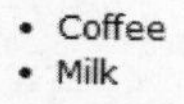

- Coffee
- Milk

**图 4-8 无序列表显示效果**

### 4.5.3 有序列表

同样，有序列表也是一列项目，列表项目使用数字进行标记。有序列表始于 <ol>标签，每个列表项始于<li>标签。

代码段 4-15。

```
<ol>
```

```
<li>Coffee</li>
<li>Milk</li>
</ol>
```

**说明**：列表项内部可以使用段落、换行符、图片、链接以及其他列表等。

浏览器显示如图 4-9 所示。

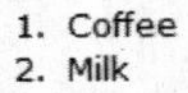

1. Coffee
2. Milk

**图 4-9　有序列表显示效果**

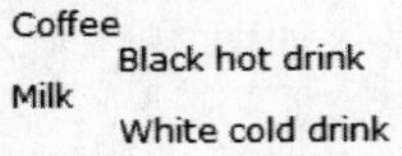

Coffee
    Black hot drink
Milk
    White cold drink

**图 4-10　自定义列表显示效果**

## 4.5.4　自定义列表

自定义列表不仅仅是一列项目，而且是项目及其注释的组合。自定义列表以 <dl> 标签开始。每个自定义列表项以<dt>开始，每个自定义列表项的定义以 <dd> 开始。

代码段 4-16。

```
<dl>
<dt>Coffee</dt>
<dd>Black hot drink</dd>
<dt>Milk</dt>
<dd>White cold drink</dd>
</dl>
```

**说明**：列表项内部可以使用段落、换行符、图片、链接以及其他列表等。

浏览器显示如图 4-10 所示。

# 4.6　使 用 表 格

表格是网页制作中使用最多的工具之一，在制作网页时，使用表格可以更清晰地排列数据。灵活、熟练地使用表格，在网页制作时会有如虎添翼的感觉。

## 4.6.1　创建表格

表格由 <table> 标签来定义。每个表格均有若干行(由 <tr> 标签定义)，每行被分割为若干单元格(由 <td> 标签定义)。字母 td 指表格数据(table data)，即数据单元格的内容。数据单元格可以包含文本、图片、列表、段落、表单、水平线、表格等。

代码段 4-17。

```
<table border="1">
<tr>
<td>row 1, cell 1</td>
<td>row 1, cell 2</td>
```

```
</tr>
<tr>
<td>row 2, cell 1</td>
<td>row 2, cell 2</td>
</tr>
</table>
```

| row 1, cell 1 | row 1, cell 2 |
| row 2, cell 1 | row 2, cell 2 |

**图 4-11　表格显示效果**

浏览器显示如图 4-11 所示。

### 4.6.2　表格的基本属性

为了使创建的表格更加美观、醒目，需要对表格的属性进行设置，主要包括表格的宽度、高度和对齐方式等。

表格的宽度和高度分别通过属性 width 和 height 进行定义，其对齐方式是通过属性 align 来设置。

代码段 4-18。

```
<table border="1">
<tr>
<td>Row 1, cell 1</td>
<td>Row 1, cell 2</td>
</tr>
</table>
```

### 4.6.3　表格的边框

表格的边框可以很粗也可以很细，可以使用 border 属性来设置表格的边框效果。如果不定义边框属性，表格将不显示边框。

代码段 4-19。

```
<table border="1">
<tr>
<td>Row 1, cell 1</td>
<td>Row 1, cell 2</td>
</tr>
</table>
```

### 4.6.4　表格背景

还可以为表格设置不同的背景来美化表格，包括表格的背景颜色和背景图案的设置。表格的背景颜色是通过属性 bgcolor 进行定义的；背景图案是通过属性 background 进行定义的。

代码段 4-20。

```
<table border="1">
<tr>
  <td bgcolor="red">First</td>
  <td>Row</td>
</tr>
<tr>
  <td
  background="/i/eg_bg_07.gif">
  Second</td>
  <td>Row</td>
</tr>
</table>
```

**图 4-12　表格背景显示效果**

浏览器显示如图 4-12 所示。

# 4.7　表　　单

表单的用途很多,在制作网页,特别是制作动态网页时常常会用到。表单主要用来收集客户端提供的相关信息,使网页具有交互功能。在网页制作过程中,常常需要使用表单,如进行会员注册、网上调查和搜索等。访问者可以使用如文本域、列表框、复选框以及单选按钮之类的表单对象输入信息,然后单击某个按钮提交这些信息。

## 4.7.1　表单标记

在网页中用<form></form>标记对来创建一个表单,即定义表单的开始和结束位置,在标记对之间的一切都属于表单的内容。在表单的<form>标记中可以设置表单的基本属性,包括表单的名称、处理程序和传送方法等。一般情况下,表单的处理程序 action 和传送方法 method 是必不可少的参数。

**1. 提交表单**

action 用于指定表单数据提交到哪个地址进行处理。

**2. 表单名称**

name 用于给表单命名,这一属性不是表单的必要属性,但是为了防止表单提交到后台处理时出现混乱,一般需要给表单命名。

**3. 传送方法**

表单的 method 属性用于指定在数据提交到服务器的时候使用哪种 HTTP 提交方法,可取值为 get 或 post。

(1) get:表单数据被传送到 action 属性指定的 URL,然后这个新 URL 被送到处理程序上。

（2）post：表单数据被包含在表单主题中，然后被送到处理程序上。

代码段 4-21。

```
<form action="welcome.asp" method="get" name="input">
Username:
<input type="text" name="user"/>
<input type="submit" value="Submit"/>
</form>
```

## 4.7.2　插入表单对象

网页中的表单由许多不同的表单元素组成。这些表单元素包括文字字段、单选按钮、复选框、菜单和列表以及按钮。

### 1. 文字字段 text

当用户要在表单中输入字母、数字等内容时，就会用到文字字段。

代码段 4-22。

```
<form>
First name:
<input type="text" name="firstname" />
<br />
Last name:
<input type="text" name="lastname" />
</form>
```

First name: _____
Last name: _____

**图 4-13　文本字段显示效果**

浏览器显示如图 4-13 所示。

### 2. 密码域 password

密码域是一种特殊的文字字段，它的各属性和文字字段是相同的。所不同的是，密码域输入的字符全部以"＊"显示。

代码段 4-23。

```
<form>
用户：
<input type="text" name="user">
<br>
密码：
<input type="password" name="password">
</form>
```

浏览器显示如图 4-14 所示。

### 3. 单选按钮 radio

当用户从若干给定的选择中选取其一时，就会用到单选按钮。

代码段 4-24。

```
<form>
<input type="radio" name="sex" value="male" checked="checked" />Male
<br />
<input type="radio" name="sex" value="female" />Female
</form>
```

**说明**：在单选按钮中必须设置 value 的值，对于一个选项列表中的所有单选按钮来说，往往要设置为相同的名称，这样在传递时才能更好地对某一个选择内容进行判断。在一个单选按钮组中只有一个单选按钮可以设置为 checked。

浏览器显示如图 4-15 所示。

图 4-14　密码域显示效果

　　○ Male
　　○ Female

图 4-15　单选按钮显示效果

### 4. 复选框 checkbox

当用户需要从若干给定的选择中选取一个或若干选项时，就会用到复选框。

代码段 4-25。

```
<form>
<input type="checkbox" name="bike" checked/>
I have a bike
<br />
<input type="checkbox" name="car" />
I have a car
</form>
```

**说明**：checked 参数表示该项在默认情况下已经被选中，一个选项列表中可以有多个复选框被选中。

浏览器显示如图 4-16 所示。

　　☑ I have a bike
　　☑ I have a car

图 4-16　复选框显示效果

### 5. 提交按钮 submit

提交按钮是一种特殊的按钮，单击该类按钮可以实现表单内容的提交。

代码段 4-26。

```
<html>
<body>
<form action="/example/html/form_action.asp" method="get">
```

```
<p>First name:<input type="text" name="fname" /></p>
<p>Last name:<input type="text" name="lname" /></p>
<input type="submit" name="Submmit" value="Submit" />
</form>
</body>
</html>
```

**说明**：value 用于设置显示在按钮上的文字。当单击 submit 按钮，输入的表单内容会发送到服务器上名为 form_action.asp 的页面。

浏览器显示如图 4-17 所示。

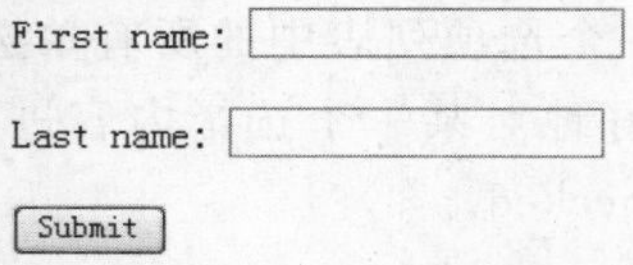

First name: _____

Last name: _____

[Submit]                                                    Volvo ▾

**图 4-17　提交按钮显示效果** 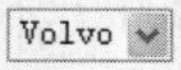　　　　　　**图 4-18　菜单列表显示效果**

### 4.7.3　菜单和列表

菜单主要用来选择给定答案中的一种，这类选择中往往答案比较多。菜单主要是为了节省页面的空间，它通过使用＜select＞和＜option＞标记来实现。

代码段 4-27。

```
<form>
<select name="cars">
<option value="volvo" selected="selected">Volvo</option>
<option value="saab">Saab</option>
<option value="fiat">Fiat</option>
<option value="audi">Audi</option>
</select>
</form>
```

**说明**：selected 表示该选项在默认情况下是选中的，一个下拉菜单中只能有一个默认选项被选中。

浏览器显示如图 4-18 所示。

### 4.7.4　文本域标记

当用户需要填入多行文本时，就应该使用文本域而不是文字字段。与其他大多数表单对象不一样，文本域使用的是＜textarea＞标记而不是＜input＞标记。

代码段 4-28。

```
<form>
留言：
```

```
<textarea name="textarea" rows="10" cols="30">
The cat was playing in the garden.
</textarea>
</form>
```

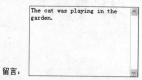

**说明**：在语法中，不能使用 value 属性来建立一个在文本域中显示的初始值。相反，应当在＜textarea＞标记的开始和结尾之间包含想要在文本域内显示的任何文本。

用浏览器显示，文本域显示效果如图 4-19 所示。

**图 4-19　文本域显示效果**

# 习　题

1. HTML 定义了以下 3 种标记，用于描述页面的整体结构。（　　）标记：它放在 HTML 的开头，表示网页文档的开始。（　　）标记：出现在文档的起始部分，表明文档的头部信息。（　　）标记：用来指明文档的主体区域。

2. HTML 文档中包含有各种级别的标题，各种级别的标题由（　　）到（　　）元素来定义。

3. （　　）标记用来控制字体、字号和颜色等属性，它是 HTML 中最基本的标记之一。

4. 有序列表始于（　　）标签。每个列表项始于（　　）标签。

5. 表格由（　　）标签来定义。每个表格均有若干行（由（　　）标签定义），每行被分割为若干单元格（由（　　）标签定义）。

6. 在网页中用（　　）标记对来创建一个表单，即定义表单的开始和结束位置，在标记对之间的一切都属于表单的内容。

7. 运用所学到的知识，编写一个 HTML 文件实现百度首页的效果。

# 第5章

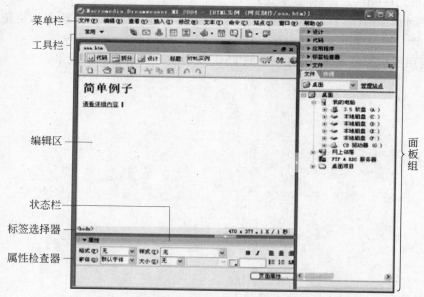

## Dreamweaver

## 5.1  认识 Dreamweaver

Dreamweaver 是一款用于制作网页与开发网站的软件,其所见即所得的工作环境简化了网页设计的操作流程,因此得到很多设计师的推崇和喜爱。下面介绍 Dreamweaver 的工作区、文件管理和网页编辑的基础操作。

### 5.1.1  工作区简介

新建或打开一个文档,进入 Dreamweaver 的默认工作区。Dreamweaver 的默认工作区由标题栏、菜单栏、工具栏、编辑区、标签选择器、状态栏和工作面板组成,Dreamweaver 的工作区如图 5-1 所示。

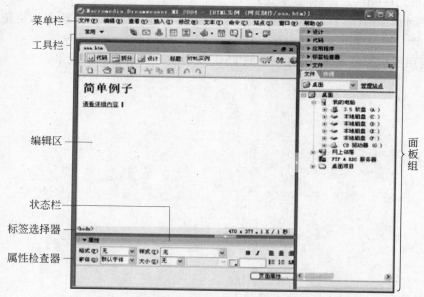

图 5-1  Dreamweaver 的工作区

### 1. 工作区组成

（1）菜单栏：位于"标题栏"下方，包含"文件"、"编辑"、"查看"、"插入"、"修改"、"文本"、"命令"、"站点"、"窗口"和"帮助"共 10 个菜单项，通过菜单所包含的功能可以完成绝大部分的网页编辑操作。

（2）工具栏：集结了图形化的操作命令，用户只需单击形象的图示按钮便可进行某一项操作。

（3）状态栏：位于网页编辑区下方，该栏左侧被标签选择器占据，而右侧陈列了包括"选取工具"、"手形工具"、"缩放工具"、"设置缩放比例"4 个用于检视网页的操作功能。

（4）标签选择器：标签选择器位于状态栏左方，用户可通过单击所显示的标签中的项目，在网页中快速选取相应的内容。

（5）面板组：工具面板集结了相同类型的一组设置功能，包括"CSS 样式"、"层"、"行为"、"文件"、"资源"、"结果"、"框架"、"时间轴"、"代码检查器"等，虽然根据设置类型区分为不同的面板，但有些分类相近的面板集合为一个面板组，默认置于工作区界面的左侧。

（6）属性检查器：也称为属性面板，该面板根据所选取的页面元素而变化不同设置项目，例如选取图像时，面板上将显示宽/高、替代、源文件、链接以及少量简单的编修功能等，而在未选取任何元素的情况下，"属性"面板显示网页的基本设置，包括网页文本的格式、字体、CSS 样式、对齐等。

（7）编辑区：进行编辑的区域。

### 2. 工作区布局

Dreamweaver 为用户提供了"设计器"、"编码器"、"双重屏幕"三种工作区布局。选择"窗口"→"工作区布局"命令，即可在弹出的子菜单中选择所需要的工作区布局。

（1）"设计器"：在"设计器"工作区布局中，Dreamweaver 将全部元素置于一个窗口集成布局，在此工作区中，全部工具栏、面板和文档窗口都集成到 Dreamweaver 应用程序窗口，如图 5-2 所示。

（2）"编码器"：此工作区布局将面板组停靠在左侧，而属性检查器在默认情况下处于折叠状态，且"文档"窗口默认情况下以"代码"视图显示，如图 5-3 所示。

（3）"双重屏幕"：此工作区布局将面板组、属性检查器、代码检查器以及"网站"窗口以浮动的方式显示，用户可以随意移动这些组件，以便能够以最佳的方式制作网页，如图 5-4 所示。

### 3. 设计视图模式

Dreamweaver 提供了"设计"、"拆分"、"代码"三种设计视图模式，通过这三种视图模式，不但可以用所见即所得的方式设置网页元素，也可以在网页中直接编写程序代码。

（1）"设计"视图：它是 Dreamweaver 默认的视图模式，即所见即所得的网页设计模式，此视图将网页的版面、文字与影像等内容完全显示出来，使用户能够直观地布局网页版面、编排网页数据，就如同我们所看到的网页一样，如图 5-5 所示。

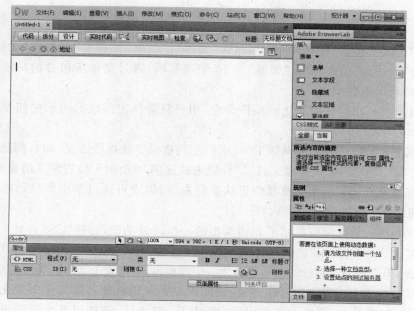

图 5-2 "设计器"工作布局

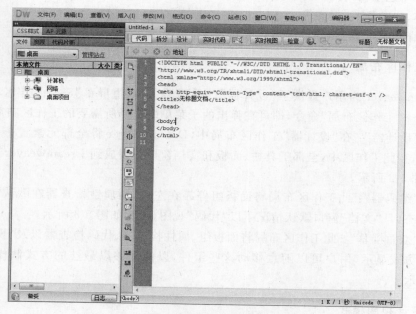

图 5-3 "编码器"工作区布局

（2）"代码"视图：此视图模式将显示网页所有的 HTML 代码，包含其他一些如特效、动态程序、数据库等代码内容，专业网页编写人员通常在该模式下对网页代码进行编写和修改，以求得更精确细致的设计效果，如图 5-6 所示。

（3）"拆分"视图：此视图模式综合了"设计"视图模式与"代码"视图模式两种视图，

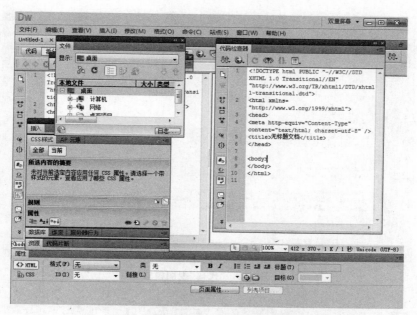

**图 5-4　"双重屏幕"工作区布局**

**图 5-5　"设计"视图模式**

它将编辑窗口拆分为两个部分,如图 5-7 所示。其中,左侧区域显示网页代码,右侧则显示设计视图效果。当用户在"设计"视图中选中某个元件时,在"代码"视图中将同时选取相应的某一段代码。

## 5.1.2　工作区基础操作

认识了 Dreamweaver 工作区界面之后,下面进一步认识工作区的基础操作,包括工

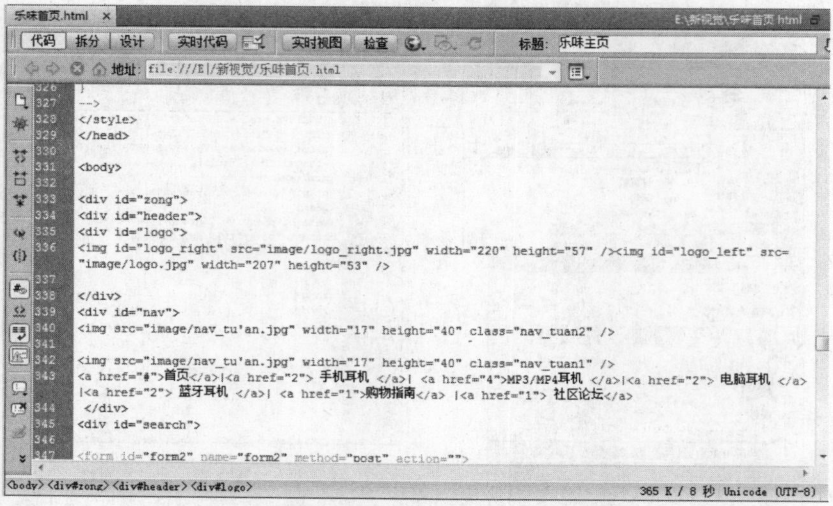

图 5-6　"代码"视图模式

图 5-7　"拆分"视图模式

具栏的隐藏与显示、面板组的显示与组合、属性面板的操作等,这些都是 Dreamweaver 应用的重要操作基础。

### 1. 工具栏操作

Dreamweaver 默认显示"插入"和"文档"两个工具栏,用户可选择"查看"→"工具栏"命令,从打开的子菜单中选择所需的工具栏名称,如图 5-8 所示。

若想将不需要的工具栏关闭时,可使用相同的方法,以选择菜单命令的方式隐藏工具栏。

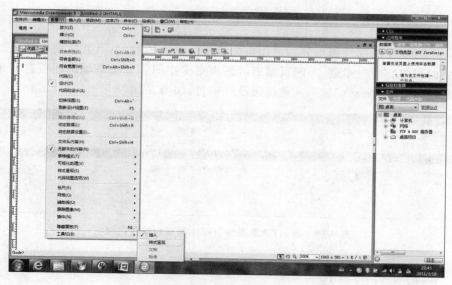

**图 5-8 打开更多的工具栏**

## 2. 面板组操作

Dreamweaver 的工作面板多达 17 个，这些面板分别组成不同的面板组，Dreamweaver 在默认打开的面板组并不包含所有的面板。这时可选择"窗口"命令，从打开的菜单中选择打开所需的工作面板，如图 5-9 所示。当不需要某个面板时，也可在"窗口"菜单选择对应项目进行关闭。

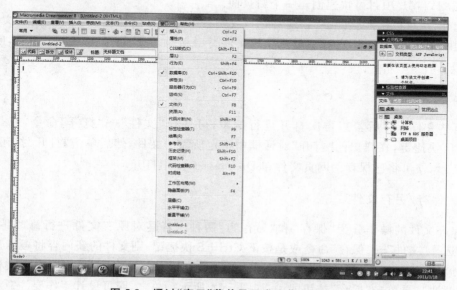

**图 5-9 通过"窗口"菜单显示或隐藏工作面板**

### 3. 属性面板操作

Dreamweaver 的属性面板分为常用与高级两个设置区域,当不需要使用高级的属性设置项目时可将其暂时隐藏,为网页编辑区腾出更多空间。方法是单击面板右下角的三角形,而再次单击该图示可显示这些高级设置项目,如图 5-10 所示。

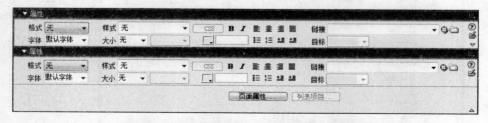

**图 5-10 显示/隐藏属性面板中的高级设置区域**

## 5.1.3 网页文件的管理

文件管理包括创建新档、打开文件、保存/另存文件、关闭文件等操作,是 Dreamweaver 网页设计的基础,下面将一一详细介绍。

### 1. 创建新档

Dreamweaver 在打开时默认显示一个起始页,该起始页提供了创建新文档的功能,用户只需在"创建新项目"栏中单击对应的项目就可建立不同类型的文件,如图 5-11 所示,单击 HTML 项目可快速创建一个新页面。

此外,也可以选"文件"→"新建"命令,或是按下 Ctrl+N 快捷键,打开"新建文档"对话框,在"常规"选项卡中选择需要建立的文件类型和动态页,再单击"创建"按钮,创建新文件,如图 5-12 所示。

### 2. 打开文件

有些文件保存后若想再次打开进行编辑,可选择"文件"→"打开"命令,或是按下 Ctrl+O 快捷键,在弹出的"打开"对话框中指定所需的文件,然后单击"打开"按钮,如图 5-13 所示,便可将已保存的网页文件在 Dreamweaver 中打开。

### 3. 保存/另存文件

保存文件的操作分为"保存"和"另存为"两种。若是对原有文件进行修改编辑,那么,可选择"文件"→"保存"命令或是按下 Ctrl+S 快捷键,则文件的新内容将覆盖原有内容。针对新建的文件,执行保存后会打开"另存为"对话框,提示用户保存位置、文件名称和保存类型,再单击"保存"按钮即可,如图 5-14 所示。总之,网页设计工作要注意保存文件,以保留最新的工作成果。

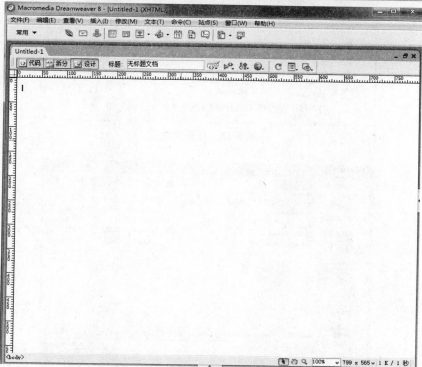

**图 5-11　由起始页创建新文档**

图 5-12　新建文档

图 5-13　打开文件

图 5-14　保存文件

　　当用户打开原有文件修改编辑后,不想覆盖原有文件,可选择"文件"→"另存为"或是按下 Ctrl+Shift+S 快捷键,待显示"另存为"对话框后,从中指定文件的另存位置、文件名称和令存类型,其操作如同保存新文件。

### 4. 关闭文件

　　Dreamweaver 允许同时打开多个文件进行编辑,当有些文件完成编辑后便可将其关闭,关闭文件时,可直接单击文件标签栏右侧的图示。关闭时,若文件未保存,将弹出提示框,询问是否保存文件,如图 5-15 所示,单击"是"按钮,将显示"另存为"对话框提供保存设置;单击"否"按钮,直接关闭网页但不执行保存;单击"取消"按钮则不作保存也不关闭文件而返回原来状态。

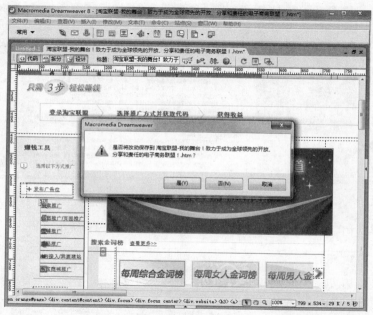

**图 5-15　关闭文件**

　　若想关闭当前开启的文件,可单击 Dreamweaver 界面标题栏右侧的图示,以关闭软件的方式将当前所有文件关闭。关闭时,编辑过的文件将弹出提示框,询问是否保存已编辑过的文件。

## 5.2　在 Dreamweaver 中编辑 HTML 网页

　　Dreamweaver 提供了强大的设计工具,在不用书写一行代码的情况下,就能够快速创建各种极具动态 HTML 特性的网页。

### 5.2.1　在网页中使用文本

　　文本是网页中十分重要的部分,担负着传递信息的重要作用。虽然图形及多媒体效果在网页中所占的比例越来越大,但是在一些大型网站中,文字的主导地位是无可替代的。这是因为文字所占的存储空间非常小,这样以文本为主题的页面下载速度很快,可以最佳地利用网络宽带。

### 1. 插入文本

在文档中插入文本的具体操作步骤如下:

(1) 将光标放置在插入文本的位置,直接输入相关的文本,如图 5-16 所示。

图 5-16　输入文字

(2) 保存文档,按 F12 键在浏览器中预览效果,如图 5-17 所示。

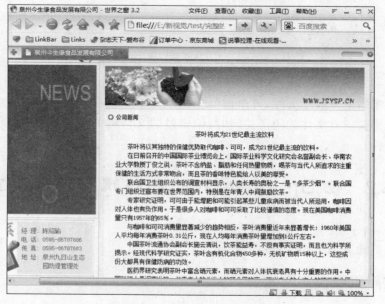

图 5-17　输出文本效果

**2．设置文本属性**

在文档中输入文本后，如果对文本的样式不满意，可在"属性"面板中设置文本的相关属性。设置属性的具体操作步骤如下：

（1）选中要设置属性的文本，选择菜单中的"窗口"→"属性"命令，打开"属性"面板，如图 5-18 所示。

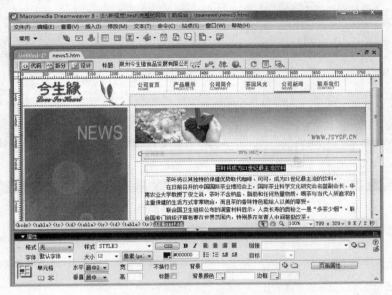

**图 5-18　打开"属性"面板**

（2）选中文本后，在"属性"面板中单击"大小"下拉列表框右边的下拉按钮，在弹出的列表框中选择 24，在后面的下拉列表框中选择"像素"，如图 5-19 所示。

**图 5-19　设置字体大小**

（3）单击"文本颜色"按钮，弹出调色板，在调色板中选择文本颜色为＃FF0000，如图 5-20 所示。

**图 5-20　设置字体颜色**

（4）在"属性"面板中的"字体"下拉列表框中选择"宋体"选项，如图 5-21 所示。

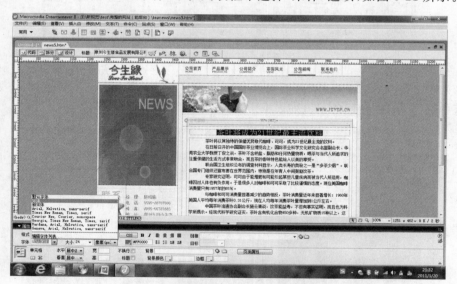

**图 5-21　设置字体**

（5）选中其他文本，在"属性"面板中将"大小"设置为 13 像素，"文本颜色"设置为＃666666，如图 5-22 所示。

（6）保存文档，按 F12 键在浏览器中预览设置的文本属性效果，如图 5-23 所示。

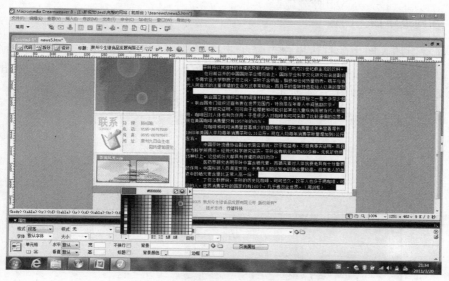

**图 5-22　设置字体大小及颜色**

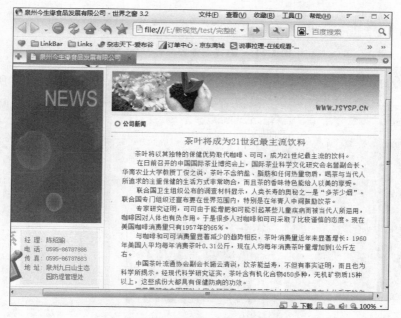

**图 5-23　设置文本属性效果**

## 5.2.2　插入图像

图像和文字是网页中最重要的两个元素。一个高质量的网页是离不开图像的,制作精良的图像可以大大增强网页的美观性,使网页更加生动多彩。在网页中如何使用漂亮的图像来吸引浏览者的视线是每个网站制作者都需要面临的问题。

### 1. 在网页中插入图像

在网页中插入图像的具体操作步骤如下：

（1）将光标放置在插入图像的位置，选择菜单中的"插入"→"图像"命令，弹出"选择图像源文件"对话框，如图 5-24 所示。

**图 5-24　"选择图像源文件"对话框**

（2）在对话框中选择相应的图像，单击"确定"按钮，插入图像，如图 5-25 所示。

**图 5-25　插入图像**

（3）保存文档，按 F12 键在浏览器中预览效果，如图 5-26 所示。

### 2. 设置图像属性

仅仅将图像直接插入到网页中，并不能到达到正确使用图像的目的。只有了解了图像的属性以及如何设置、修改这些属性，才能创建出图文并茂的网页。设置图像属性的

图 5-26　插入图像效果

具体操作步骤如下：

（1）选中设置属性的图像，打开"属性"面板，在面板中显示图像的相关属性，如图 5-27 所示。

图 5-27　打开"属性"面板

（2）选择图像，在"属性"面板中的"对齐"下拉列表框中选择"右对齐"选项，如图 5-28 所示。

（3）保存文档，按 F12 键在浏览器中预览效果，如图 5-29 所示。

图 5-28　设置对齐方式

图 5-29　设置图像属性效果

### 5.2.3　设置链接

每个网站实际上都是由众多的网页组成的,网页之间通常都是通过超链接方式相互建立关联。

**1. 创建文字链接**

文字超链接是网页中最常见的超链接,它能给浏览者很直观的主题信息,对它所包含的信息一目了然。创建文字链接的具体操作步骤如下:

(1)选中创建链接的文本,打开"属性"面板,在面板中的"链接"文本框中输入链接目标地址,如图 5-30 所示。

图 5-30  设置链接

(2)保存文档,按 F12 键在浏览器中预览效果,如图 5-31 所示。

图 5-31  设置文字链接效果

#### 2. 创建图像链接

可以将图像作为链接的对象,使网页更加美观。建立图像超链接与建立文本超链接的方法很相似。创建图像链接的具体步骤如下:

(1) 选中创建链接的图像,打开"属性"面板,在面板中单击"浏览文件"按钮,弹出"选择文件"对话框,如图 5-32 所示。

图 5-32　"选择文件"对话框

(2) 在对话框中选择链接的目标文件,单击"确定"按钮,设置链接,如图 5-33 所示。

图 5-33　设置链接

(3) 保存文档,按 F12 键在浏览器中预览效果,如图 5-34 所示,当鼠标移至图片上时,鼠标变成手形。

图 5-34 图像链接效果

### 5.2.4 使用表格

表格是网页设计制作时不可缺少的重要元素。无论是用于对齐数据还是在页面中对文本进行排版,表格都体现出强大的功能。它以简洁明了和高效快捷的方式将数据、文本、图像、表单等元素有序地显示在页面上,从而设计出版式漂亮的页面。

**1. 插入表格**

插入表格的具体操作步骤如下:

(1)将光标放置在插入表格的位置,选择菜单中的"插入"→"表格"命令,弹出"表格"对话框,如图 5-35 所示。

(2)在对话框中将"行数"设置为 9,列数设置为 4,"表格宽度"设置为 600 像素,单击"确定"按钮,插入表格,如图 5-36 所示。

**2. 设置表格属性**

插入表格后,还可以设置表格的属性,具体操作步骤如下:

选中设置属性的表格,打开"属性"面板,在"属性"面板中将"填充"设置为 3,"间距"设置为 1,"边框"设置为 1,"对齐"设置为"居中

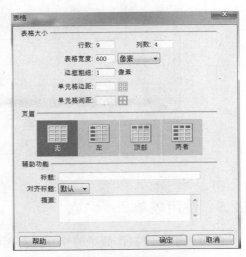

图 5-35 "表格"对话框

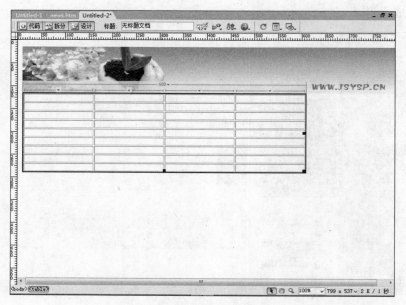

图 5-36　插入表格

对齐","边框颜色"设置为♯FFCC66,如图 5-37 所示。

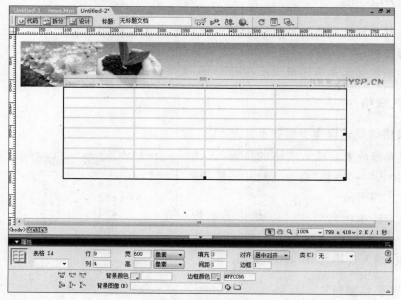

图 5-37　设置表格属性

## 5.2.5　使用表单

　　使用表单可以制作简单的交互式页面,搜集来自用户的信息。表单是网站管理者与浏览者之间沟通的桥梁。收集、分析用户的反馈意见,做出科学的、合理的决策,是一个网站成功的重要因素。有了表单，网站不仅是"信息提供者"，同时也是"信息收集者"。

### 1．插入表单

表单可在文档中定义一个表单区域，表单对象都是插入在这个表单区域中的。插入表单的具体操作步骤如下：

（1）将光标放置在插入表单的位置，选择菜单中的"插入"→"表单"→"表单"命令，即可在文档中插入红色虚线的表单，如图 5-38 所示。

**图 5-38　插入表单**

（2）选中表单，选择菜单中的"窗口"→"属性"命令，打开"属性"面板，如图 5-39 所示，在"属性"面板中可以设置相应的属性。

**图 5-39　设置表单属性**

### 2. 插入文本域

文本域是可以输入文本内容的表单对象。插入文本域的具体操作步骤如下：

（1）将光标放置在插入文本域的位置，选择菜单中的"插入"→"表单"→"文本域"命令，插入文本域，如图5-40所示。

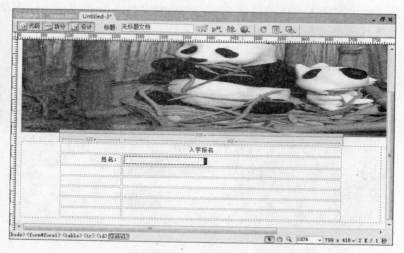

图5-40　插入文本域

（2）选中文本域，在"属性"面板中将"字符宽度"设置为20，"最多字符数"设置为20，"类型"设置为"单行"，如图5-41所示。

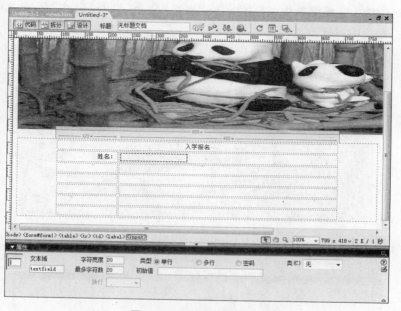

图5-41　设置文本域属性

### 3. 插入单选按钮和复选框

单选按钮代表互相排斥的选择,在单选按钮组中选择一个按钮,就会取消选择该组中的所有其他的按钮。在复选框组中,可以同时选择任意多个使用的选项。复选框可以单独使用,也可成组使用。

插入单选按钮和复选框的具体操作步骤如下:

(1)将光标放置在插入单选按钮的位置,选择菜单中的"插入"→"表单"→"单选按钮"命令,插入单选按钮,如图 5-42 所示。

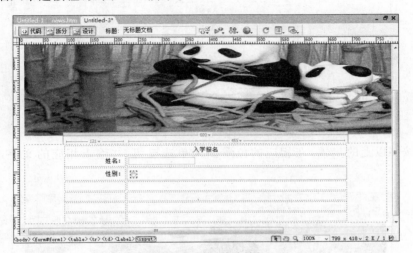

图 5-42　插入单选按钮

(2)选中单选按钮,在"属性"面板中将"初始状态"设置为"未选中",如图 5-43 所示。

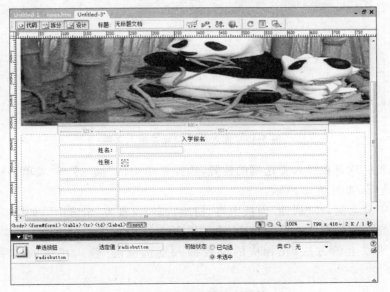

图 5-43　设置单选按钮属性

（3）将光标放置在单选按钮的右边，输入相应的文字，如图 5-44 所示。

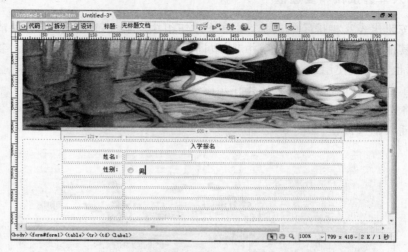

**图 5-44 输入文字**

（4）按照以上的步骤，在相应的位置插入单选按钮，并输入相应的文字，如图 5-45 所示。

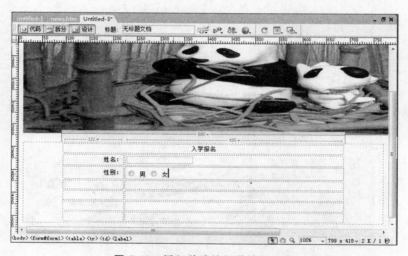

**图 5-45 插入单选按钮并输入文字**

（5）将光标放置在插入复选框的位置，选择菜单中的"插入"→"表单"→"复选框"命令，插入复选框，如图 5-46 所示。

（6）选中复选框，在"属性"面板中将"初始状态"设置为"未选中"，如图 5-47 所示。

（7）将光标放置在复选框的右边，输入相应的文字，如图 5-48 所示。

（8）按照以上的方法，在相应的位置插入复选框，并输入相应的文字，如图 5-49 所示。

**图 5-46　插入复选框**

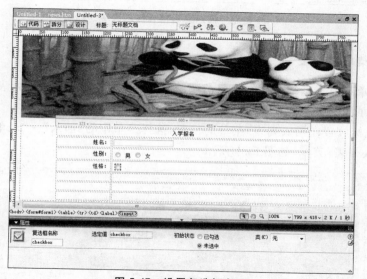

**图 5-47　设置复选框名称**

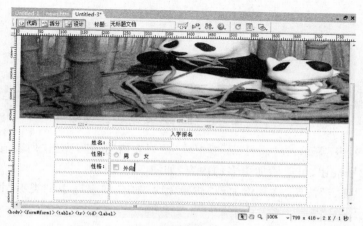

**图 5-48　输入文字**

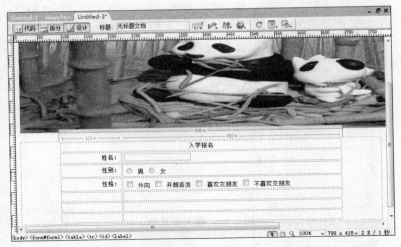

图 5-49　插入复选框并输入文字

### 4．插入菜单和列表

列表/菜单可以显示一个列有项目的可滚动的列表，用户可以从该列表中选择项目。插入列表/菜单的具体步骤如下：

（1）将光标放置在插入列表/菜单的位置，选择菜单中的"插入"→"表单"→"列表/菜单"命令，插入列表/菜单，如图 5-50 所示。

图 5-50　插入列表/菜单

（2）选中列表/菜单，在"属性"面板中单击"列表值"按钮，弹出"列表值"对话框，在对话框中单击加号按钮，可以添加更多的内容，如图 5-51 所示。

（3）单击"确定"按钮，将其添加到"初始化时选定"列表框中，"类型"设置为"菜单"，如图 5-52 所示。

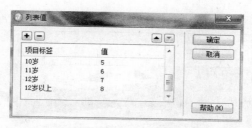

**图 5-51    "列表值"对话框**

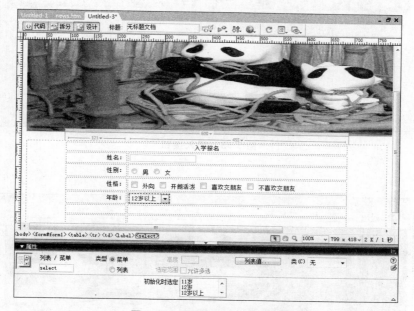

**图 5-52    设置列表/菜单属性**

### 5. 插入按钮

表单按钮可控制表单操作,使用表单按钮将输入的表单数据提交到服务器或者重置该表单,还可以将其他已经在脚本中定义的处理内容分配给按钮。插入按钮的具体操作步骤如下:

(1)将光标放置在插入按钮的位置,选择菜单中的"插入"→"表单"→"按钮"命令,插入按钮,如图 5-53 所示。

(2)选中按钮,在"属性"面板中的"值"文本框中输入"提交","动作"设置为"提交表单",如图 5-54 所示。

(3)将光标放置在按钮的右边,再插入按钮,在"属性"面板中的"值"文本框中输入"重置","动作"设置为"重置表单",如图 5-55 所示。

(4)保存文档,按 F12 键在浏览器中预览效果,如图 5-56 所示。

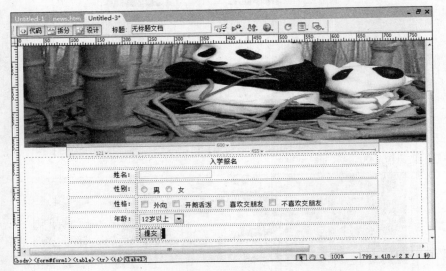

图 5-53　插入按钮

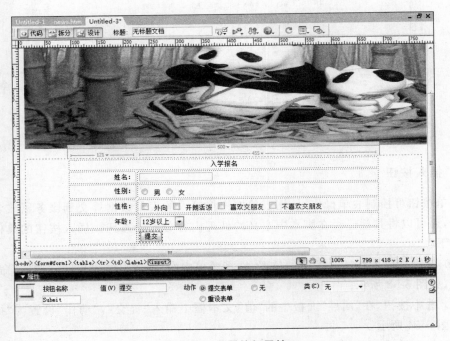

图 5-54　设置按钮属性

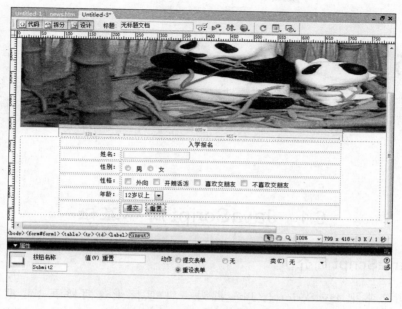

**图 5-55　插入按钮**

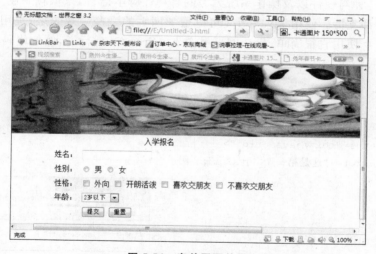

**图 5-56　表单网页效果**

# 习　　题

1. HTML 中<br>标记和<p>标记有何区别？
2. 简述在网页中插入背景音乐的方法。
3. 怎样在网页中插入 Flash 影片？
4. 运用所学知识，编写一个具有登录注册功能网页。

# 第 6 章

## chapter 6

# JavaScript

## 6.1 JavaScript 脚本基础

### 6.1.1 JavaScript 简介

初学者经常把 JavaScript 与 Java 混为一块,实际上这两种语言是没有关系的。JavaScript 是一种针对客户端编程的脚本语言,Java 则是针对服务器端编程的脚本语言。JavaScript 是一种与硬件以及操作系统无关的解释性脚本语言,只依赖于浏览器,目前的大部分浏览器都支持。使用 JavaScript 可以增加网页的一些美观效果,也用来与客户端用户进行交互。使用它很简单,只在网页里嵌入<Script>就行了,例如代码段 6-1。

代码段 6-1。

```
<html>
<head>
<title>第一个 JavaScript 例子</title>
<script type="text/javascript">
document.write("这是第一个 JavaScript 例子");
</script>
</head>
</html>
```

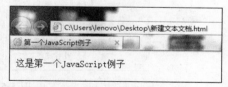

运行结果如图 6-1 所示。

**说明**:在上述代码中,只是简单地调用 document 对象的 write()函数向页面输出"这是第一个 JavaScript 例子"。

图 6-1　第一个 JavaScript 例子

### 6.1.2 JavaScript 的基本语法

#### 1. 基本数据类型

和所有的编程语言一样,JavaScript 也有基本数据类型。它提供了 4 种数据类型,如表 6-1 所示。

表 6-1　数据类型表

| 类型名称 | 类型描述 | 例子 |
|---|---|---|
| 数值型 | 该类包含浮点型和整型 | 3.5、4 |
| 字符串型 | JavaScript 不分字符跟字符串，统一用单引号和双引号来表示 | "sdfi"、"s"、'hehe' |
| 布尔型 | 可以为 true 或 false | true、false |
| 空值 | 可以为 null | null |

### 2. 变量

JavaScript 对变量的数据类型并不严格，属于弱语言类型，不必在声明时指定数据类型，它是在赋值和运行时才确定其类型。声明一个变量只需要通过关键字 var。下面简单举例：

```
var isLogin=true;
```

这时 isLogin 为布尔型。

```
var name="sdfi";
```

这时 name 是字符串类型。

### 3. 运算符与表达式

JavaScript 的运算符可分为算术运算符、比较运算符以及逻辑运算符三类。它们的使用跟普通的编程语言一样，这里就不举例了。

### 4. 流程控制

JavaScript 的流程控制语句有 if 条件语句、for 循环、while 循环、break 语句、continue 语句。可通过组合这些语句，完成较复杂的流程控制。这些的用法跟其他编程语言是一样的，值得说一下的是 for 循环它还有另外一种模式，格式如下：

```
for(变量 in 对象或是数组){}
```

它循环的范围是数组或是一个对象的所有属性。下面看个例子，见代码段 6-2。

代码段 6-2。

```
<html>
<head>
<title>for()使用</title>
<script type="text/javascript">
    var a=new Array(0,1,2,3,4);
    for(var i in a)
    {
        document.writeln(i);
    }
```

```
</script>
</head>
</html>
```

图 6-2    循环运行结果

运行结果如图 6-2 所示。

**说明**：先声明一个数组并赋值，再遍历数组输出到页面。

### 5. 函数

在高级程序中，一个比较大的复杂的程序通常分为若干个子模块，每个子模块的实现都是靠若干个函数完成的，JavaScript 中也提供了函数的功能。在具体应用中通常用作事件的驱动程序，JavaScript 的函数声明格式如下：

```
function 函数名()
{
函数体;
返回值;(return 表达式;)
}
```

## 6.1.3    JavaScript 的事件

动态网站的一个重要特点就是客户端的交互功能，这就必须发送消息。用户通常单击一个按钮，这就发送了消息，然后服务器端或是客户端对用户的消息进行捕捉，而后处理消息并响应给用户。这过程中单击按钮导致消息的发送就是俗称的事件（Event），而处理消息并响应给用户的编程代码就是俗称的事件处理程序（Event Handler）。JavaScript 的精华就是捕捉客户端的事件并在客户端进行事件的处理。

常见客户端的事件如下：

（1）单击事件（onclick），如单击按钮或表格。

（2）选择事件（onselect），如文本框被选中。

（3）改变事件（onchange），如文本框内容或是下拉列表值的改变。

（4）获得焦点（onfoucs），如单击文本框。

（5）失去焦点（onblur），如鼠标移除文本框。

（6）页面载入（onload），当页面加载完成。

（7）页面关闭（onunload），当退出该页面。

在页面对事件处理程序进行绑定的格式有三种：

（1）事件名＝事件处理程序的函数名，格式如下：

```
<input type="button" onclick="alert('这是按钮')">
```

（2）编写特定对象编写特定的 JavaScript 代码，格式如下：

```
<Script language="JavaScript" for="对象"event="事件名"></Script>
```

（3）在 JavaScript 中说明，格式如下：

```
<Script language="JavaScript">
对象.事件名=函数；
</Script>
```

下面用一个小例子来说明具体用法，见代码段 6-3。

代码段 6-3。

```
<html>
<head>
<title>事件处理程序</title>
<script type="text/javascript">
    function getSex(sex)
    {
        document.all.age.value=sex;
    }
window.onload=alert('欢迎阅读本书');
<script type="text/javascript" for="username"event="onfocus">
alert("请输入你的姓名");
</script>
</head>
<body onload="document.all.username.blur()">
    姓名:<input type="text" id="username" name="username" value="sdfi"><br>
    性别:<input type="text" id="age" readonly>
    <select id="ages" onchange="getSex(this.value)">
    <option value="男">男</option>
    <option value="女">女</option>
    </select>
</body>
</html>
```

说明：“window. onload＝alert('欢迎阅读本书')；”这段代码采用了第三种方式绑定，当加载时弹出对话框。“＜script type＝"text/javascript" for＝"username" event＝"onfocus"＞alert("请输入你的姓名")；＜/script＞”这段代码采用了第二种方式绑定，当焦点在文本框时上则弹出对话框。“＜select id＝"ages" onchange＝"getSex(this. value)"＞”这段代码采用了第一种方式，也是在实际开发中比较常用的方式。

## 6.2　JavaScript 在开发中的使用

在前面的学习中已经基本掌握了 JavaScript 的使用，现在来学习几个比较复杂的也比较常用的例子。

## 6.2.1 卷帘菜单

不仅桌面应用程序经常使用卷帘菜单,现在很多的网站的导航菜单都是这种格式。下面来看个例子,详细代码如代码段 6-4 所示。

代码段 6-4。

```html
<html>
<head>
<script type="text/javascript">
    function showMenu(i)
    {
    var tb=document.all.main;
    for(j=1;j<tb.rows.length;j+=2)
        if(j!=i) tb.rows[j].style.display="none";
        else
        {
            if(tb.rows[i].style.display=="block")
            tb.rows[i].style.display="none";
            else
            tb.rows[i].style.display="block";
        }
    }
</script>
<title>卷帘菜单使用</title>
</head>
<body>
<table border="1" id="main" width="100px">
    <tr>
    <td style="cursor:hand" onclick="showMenu(1)" >
    我是买家
    </td>
    </tr>
<tr style="display:none">
    <td>
        <table>
        <tr><td>购买历史</td></tr>
        <tr><td>我的积分</td></tr>
        </table>
    </td>
</tr>
<tr>
    <td style="cursor:hand" onclick="showMenu(3)">
        我是卖家
```

```
        </td>
    </tr>
    <tr style="display:none">
        <td><table>
            <tr><td>我的信用</td></tr>
            <tr><td>发货订单</td></tr>
            </table>
        </td>
    </tr>
    <tr>
        <td style="cursor:hand" onclick="showMenu(5)">
        网站服务
        </td>
    </tr>
    <tr style="display:none">
        <td>
            <table>
                <tr><td>服务投诉</td></tr>
                <tr><td>今日公告</td></tr>
                <tr><td>网站版权</td></tr>
            </table>
        </td>
    </tr>
</table>
</body>
</html>
```

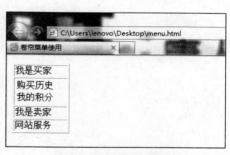

图 6-3　卷帘菜单的使用

运行结果如图 6-3 所示。

## 6.2.2　动态创建工具提示

在很多电子商务网站上，经常使用工具提示，以便读者了解商品的详细信息。可能有人会问为什么不一开始就把信息给呈现出来呢，采用动态工具提示可以节省初始化页面的代码，同时也提高页面的加载速度。下面用一个小例子来模拟一下，见代码段 6-5。

代码段 6-5。

```
<html>
<head>
<title>创建动态提示菜单</title>
</head>
<script type="text/javascript">
function show(sr)
{
var src="img/"+sr+".jpg";
document.all.ph.src=src;
```

```
var x=event.clientX;
var y=event.clientY;
document.all.tip.style.top=y;
document.all.tip.style.left=x+10;
document.all.tip.style.display="block";
}
function hide()
{
document.all.tip.style.display="none";
}
</script>
<body>
<a onmouseover="show(this.id)" id="jsp" href="" >JSP 教程</a><br><br>
<a onmouseover="show(this.id)" id="web" href="">web 开发指南</a>
<div id="tip" style="display:none;position:absolute">
    <table>
        <tr align="center">
            <td>
                <img id="ph" src="" style="width:75;height:110">
            </td>
        </tr>
    </table>
</div>
</body>
</html>
```

运行结果如图 6-4 所示。

**说明**：上述代码并不算是真正的动态创建，通常用 Ajax 技术，异步获得数据然后填充 div，关于 Ajax 可自行查阅资料。

图 6-4　工具提示运行结果

## 6.2.3　图像闪烁结果

在开发中，经常利用 HTML 标签的属性给 JavaScript 的内置函数进行组合运行，形成许多特效。下面简单介绍一个图像的闪烁，主要利用标签的 visibility 和 JavaScript 的 setInterval()方法。具体代码如代码段 6-6 所示。

代码段 6-6。

```
<html>
<head>
<script type="text/javascript">
function flash()
{
```

```
    if(document.all.flash.style.visibility=="hidden")
    document.all.flash.style.visibility="visible";
    else
    document.all.flash.style.visibility="hidden";

}
function start()
{
    setInterval("flash()",500);
}
</script>
<title>图像闪烁</title>
</head>
<body onload="start()">
<div id="flash">
<img src="img/rose.jpg">
</div>
</body>
</html>
```

**说明**：在运行时，可能读者会发出疑问为什么不用 display 属性呢？因为 display 属性隐藏时，标签不占用原来的位置，而 visibility 原来的位置还保留着。

## 习    题

1. JavaScript 的运算符可分为算术运算符、(        )以及逻辑运算符三类。
2. JavaScript 中声明函数的关键字是(        )。
3. 简述 JavaScript 中事件的概念。
4. 运用 JavaScript 中学到的知识，实现一个含有卷帘菜单的页面。

# 第二篇

## 专业篇

第二篇为专业篇，共包括 4 章，主要讲述了 Web 编程技术的专业知识。从动态网页的基本概念入手，介绍了主流动态网页开发技术的特点及其对比，分别展开介绍了 ASP. NET、JavaEE、PHP 三种动态网页开发技术的基础语法和开发环境的配置等，并辅以编程实例，帮助学习者全面掌握 Web 编程开发技术。

# 第7章

# 动态网页技术简介

## 7.1 动态网页的产生背景

伴随着因特网(Internet)的迅猛发展,网络正以难以想象的冲击力影响人类的活动。人们的生活因被万维网(World Wide Web)的出现彻底改变了,通过万维网,人们足不出户就可查阅电影院的放映表并进行订票;为远在海外的朋友订购一束鲜花;在家远程处理公司的业务工作。万维网的使用已经成为很多人日常生活中不可或缺的一部分,因此Web技术的发展就变得尤为重要。

早期的 Web 站点大都是由多个静态的 HTML 页面所组成。纯 HTML 的页面内容是固定不变的,想要更新页面的内容,只有重新编辑 HTML 页面。当用户浏览器向 Web服务器提出页面内容的请求时,Web 服务器只是将原来已经建立储存在服务器的HTML 页面文件传送到用户浏览器,过程如图 7-1 所示。

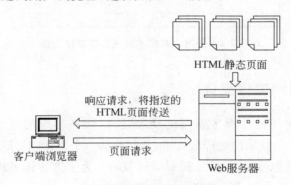

HTML静态页面

响应请求,将指定的
HTML页面传送

页面请求

客户端浏览器

Web服务器

**图 7-1 静态页面访问过程**

由于这种静态 Web 站点缺乏与用户的交互性,并且对其更新维护工作量又较大,这种模式已经不能满足人们的需求,从而促使动态网页技术的产生。

动态网页具有良好的交互性、数据库查询、缩短查询时间、提高浏览效率等一些静态网页所无法比拟的优点,逐渐成为构建 Web 网站的主流。伴随着动态页面技术的产生,网站更新维护的工作量被大大降低。同时,聊天室、论坛、网上购物、信息查询等越来越多的功能投入到应用中,使得人们可以享受到更加便捷的信息服务。

# 7.2 动态网页的基础知识

本节将介绍动态网页的一些基本知识,包括动态网页的定义、工作原理与特征,以及动态网页与静态网页之间的关系。

## 7.2.1 动态网页的定义

动态网页是指与静态网页相对应,采用动态网页技术(如 JSP、PHP 等)制作成的网页。其中"动态"的意思是服务器与客户端用户的信息交互,并不是网页内有 Flash、GIF 图片等视觉动态的效果。动态网页可以是包含动态元素的页面,也可以是纯文字的页面,如图 7-2 所示。

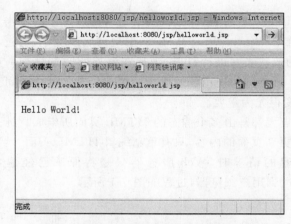

**图 7-2　采用 JSP 技术的纯文字动态页面**

## 7.2.2 动态网页的工作原理

动态网页主要使用的是服务器端的动态技术,服务器端的动态技术有许多种,如 ASP、JSP、PHP 等。不管采用怎样的技术,从用户的一个 URL 请求,到 Web 服务器反馈给用户浏览器一个页面,这其中的过程都是相似的。为了方便读者理解,这里以 ASP 技术为例进行描述,见图 7-3,其流程如下:

(1)用户在客户端浏览器中输入 URL,与相应的 Web 服务器建立连接。

(2)Web 服务器根据请求的 URL 找到相应文件,判断是否为普通的 HTML 的文件,如果是则进行第(4)步,否则进行第(3)步。

(3)找到的相应文件为脚本文件,如 ASP 文件,服务器首先对此脚本文件进行处理。如果其中涉及数据库查询等操作,则会通过调用 ADO 组件访问数据库,最终经过各种运算和解释后形成一个 HTML 文档。

(4)服务器将页面返回给客户端浏览器。

图 7-3  ASP 的工作流程

## 7.2.3  动态网页的特点

动态网页主要有以下几个特点。

**1. 自动更新**

动态网页以数据库技术为基础,能够自动生成新的页面,不用手动去修改 HTML 文件,明显地提高了 Web 站点维护更新的效率。

**2. 信息交互性强**

根据用户的选择和请求,服务器端进行动态的改变和响应,实现了用户和网站之间的信息互动。

**3. 便于数据管理**

网页的内容保存在了数据库中,便于进行搜索、查询、分类和统计。

## 7.2.4  动态网页与静态网页的关系

动态网页和静态网页各有特点,虽然动态网页技术的出现使 Web 站点能够完成越来越多的功能,但这并不能使静态网页退出历史舞台。根据需求不同,选择的技术也不同。如果一个站点功能比较简单,内容的更新量较小,采用静态网页技术会变简单。反之一个站点需要频繁大量地进行内容更新,需要向用户提供更多更强大的功能,就要采用动态网页技术。

动态网页和静态网页之间并不矛盾。如今许多大型站点采用动静结合的原则,在适合采用动态网页的地方用动态网页,若有必要,部分页面则使用静态页面。所以在同一个站点,动态页面与静态页面共存也是十分常见的事情。

# 7.3  动态网页技术

本节将会对动态网页所涉及的技术知识进行简要介绍。

## 7.3.1  服务器与客户端

服务器(Server)是网络环境中的高性能计算机,它侦听网络上的其他计算机(客户机)提交的服务请求,并提供相应的服务。服务器根据不同的分类方式可以划分成许多不同种类的服务器,如按应用层划分可划分成入门级服务器、工作组服务器、部门级服务器、企业级服务器等,如按照体系架构来区分的话则分为非 x86 服务器与 x86 服务器。

客户端(Client)是指与服务器相对应,为客户提供本地服务的程序,接收服务器提供服务的一方。

通俗地讲,当你用计算机访问一个网页时,你的计算机就是一个客户端,而存放你所访问页面的计算机就是服务器。

### 7.3.2　数据库

数据库(Database)是长期储存在计算机内、有组织的、可共享的数据集合,是动态网页的基础。例如,把公司的职员和职位等数据有地组织起来,存储在计算机上,就构成了一个数据库。

为了能够有效地管理使用数据库,常常需要一些数据库管理系统(Database Management System)为用户或者管理员提供对数据库操作的各种命令、工具及方法。

常用的数据库管理系统有 DB2、Oracle、SQL Server、Sybase、MySQL、Access 等。初学者建议使用 Access 数据库管理系统,因为它具有界面友好、易学易用、开发简单、接口灵活等特点。

SQL(Structured Query Language)结构化查询语言,是用于数据库中的标准数据查询语言,用于存取数据以及查询、更新和管理关系数据库系统。它主要分为两类:数据定义语言(Data Definition Language,DDL),主要用于建表与索引等;数据操作语言(Data Manipulation Language,DML),它主要用于检索、插入、删除、更新等操作。

### 7.3.3　CGI 技术简介

公用网关接口(Common Gateway Interface,CGI)是早期使用最多的动态技术。CGI 1.0 标准草案于 1993 年由国家超级计算机中心(National Center for Supercomputing Applications,NCSA)提出,因此这项技术已经比较成熟而且功能十分强大 ,它可以用 VB、Delphi、C/C++ 、perl 等多种语言来编写,其中 perl 是最常用于编写 CGI 技术的语言。

但是因为 CGI 技术效率比较低下,并且编程十分的困难,所以现在的动态网页已经很少采用该项技术。

### 7.3.4　ASP 技术简介

动态服务器页面(Active Server Page,ASP)是由微软公司开发的一种动态网页技术。

ASP 的第一个版本是 0.9 的测试版,它能够直接将代码嵌入到 HTML,并且通过内置的组件来实现一些强大的功能,例如数据访问接口(ActiveX Data Object,ADO)。

1996 年，ASP 1.0 诞生。它作为互联网信息服务（Internet Information Service，IIS）的附属产品免费发送。由于功能强大并且简单易学，很快就被大众所接受并得到广泛使用。

1998 年，微软发布了 ASP 2.0。ASP 2.0 与 ASP 1.0 的主要区别在于其外部组件可以初始化。

2000 年，伴随着 Windows 2000 操作系统的发布，ASP 3.0 也开始流行起来。与之前的版本相比，ASP 3.0 使用了 COM＋技术，因此变得更加稳定。

2002 年，微软发布了 ASP.NET 1.0，ASP.NET 技术是 ASP 技术的后继，目前 ASP.NET 的最高版本是 ASP.NET 4.0，已经在 Visual Studio 2010 平台内应用。

ASP 并没有为自己提供一门专门的编程语言，而是使用 VBScript、JavaScript 等简单易懂的脚本语言，嵌入到 HTML 代码，即可完成网站应用程序的开发。因此，ASP 的学习门槛较低。

ASP 是基于微软操作系统进行研发的动态网页技术，因此对操作系统有较强的依赖性，使得跨平台使用 ASP 技术变得十分困难。

## 7.3.5  JSP 技术简介

JSP(Java Server Page)是由 Sun 公司倡导、多家公司参与一起建立的一种动态网页技术标准。JSP 1.0 规范于 1999 年 6 月正式发布。目前较新的是 JSP 1.2 规范，JSP 2.0 规范的征求意见稿也已出台。

JSP 是一种实现普通静态 HTML 和动态部分混合编码的技术，它在传统的 HTML 文件中插入 Java 程序段和 JSP 的标记，从而形成了 JSP 文件。它可以在 Servlet 和 JavaBean 的支持下，完成功能强大的站点程序。同时 JSP 继承了 Java 语言的优点，具有良好的可移植性与可复用性。

JSP 的工作方式是请求/应答模式。当一个客户端向 Web 服务器请求特定的 JSP 页面时，服务器依次向 JSP 引擎发送请求，Java 代码进行处理，最后将生成的 HTML 页面返回给客户端浏览器，如图 7-4 所示。

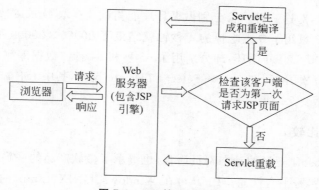

**图 7-4  JSP 的工作流程**

### 7.3.6　PHP 技术简介

PHP（Hypertext Preprocessor）是一种跨平台的服务器端的嵌入式脚本语言。最初是 1994 年由 Rasmus Lerdorf 创建的，刚刚开始只是一个简单的用 Perl 语言编写的程序，用来统计他自己网站的访问者。后来越来越多的人注意到这种语言，对其提出建议并进行拓展，如今已经演变为一种特点丰富的语言。它大量地借用 C、Java 和 Perl 语言的语法，并耦合 PHP 自己的特性，使 Web 开发者能够快速地写出动态页面。

PHP 技术具有以下几种特点：

（1）PHP 与 HTML 兼容性非常好，人们可以在 PHP 脚本代码中加入 HTML 标签，也可以在 HTML 标签中加入 PHP 脚本代码进行页面控制。

（2）PHP 是免费的、开源的。

（3）PHP 具有良好的跨平台性，可以在多种操作系统，如 Linux、UNIX、Windows 下运行，扩展性强。

PHP 支持目前绝大多数数据库，提供标准的数据库接口，数据库连接方便，PHP 与 MySQL 是现在绝佳的群组合。

### 7.3.7　动态网页主流技术对比

我们已经对动态网页的几种主流技术进行了介绍，在这里把这几种技术放在一起进行对比。由于 CGI 技术如今使用较少，只对比 ASP、JSP、PHP 这三种动态网页技术。

**1. 技术架构比较**

PHP 是一种跨平台的服务器端的嵌入式语言，平台可移植性和 JSP 一样非常好，但是 PHP 缺乏多层结构支持，只能实现简单的分布式两层或三层的架构，而 ASP 和 JSP 在这方面就比较强大，可以实现多层的网络架构。

**2. 性能比较**

有人做过实验，对这三种语言分别做循环性能测试及存取 Oracle 数据库测试。在循环性能测试中，JSP 只用了令人吃惊的 4 秒钟就结束了 20000×20000 的循环。而 ASP、PHP 测试的是 2000×2000 循环，却分别用了 63 秒和 84 秒。数据库测试中，三者分别对 Oracle 8 进行 1000 次 Insert、Update、Select 和 Delete 操作，其中 JSP 需要 13 秒，PHP 需要 69 秒，ASP 则需要 73 秒。

**3. 跨平台性比较**

ASP 是 Microsoft 开发的动态网页语言，也继承了微软产品的一贯特性，只能执行于微软的服务器产品，跨平台性差。PHP 可在 Windows、UNIX、Linux 的 Web 服务器上正常执行，还支持 IIS、Apache 等一般的 Web 服务器。JSP 同 PHP 一样具有良好的跨平台的特性，几乎可以执行于所有平台。

**4. 数据库访问比较**

虽然 PHP 支持的数据库极其广泛,但是提供的数据库接口支持不统一,例如对 Oracle、MySQL、Sybase 的接口彼此都不一样,这是 PHP 的一个弱点。但是,PHP 是内置对 MySQL 支持的,PHP＋MySQL 是动态网站开发一个很好的组合。ASP 使用 OBDC 技术访问数据库,JSP 使用 JBDC 技术访问数据库,通过不同的数据库厂商提供的数据库驱动方便地访问数据库,访问数据库的接口比较统一。

**5. 安全性比较**

在代码安全性方面,ASP 和 PHP 均为脚本级执行,比较容易被获得源代码,加之 ASP 只能运行于 Windows 系列平台,漏洞更多。而 JSP 的每个文件总是先被编译成 Servlet,无法看到完整的源代码,只能看到一些编译好的类文件,尤其在使用 JavaBean 之后安全性更高。

目前在国内 PHP 与 ASP 的应用最为广泛,而 JSP 是一种较新的技术,更适用于开发大型网站尤其是电子商务类的网站,如 IBM 的 E-business 的核心就是采用 JSP/Servlet 的 WebSphere。总之,各种动态网页技术各有自己的优缺点和适用范围,可以根据实际需要选择一种合适的开发技术。

## 习　　题

1. 以 ASP 技术为例,描述动态网页的工作原理。
2. 简述动态网页的几个特点。
3. (　　)是网络环境中的高性能计算机,它侦听网络上的其他计算机(客户机)提交的服务请求,并提供相应的服务。
4. 由微软公司开发的动态网页技术是(　　)。
5. JSP 是一种实现普通静态 HTML 和动态部分混合编码的技术,它在传统的 HTML 文件中插入(　　)和 JSP 的标记,从而形成了 JSP 文件。
6. 简单介绍目前流行的几种动态网页技术之间的优缺点。

# 第 8 章

# ASP. NET 和 VS. NET

## 8.1 .NET 应用开发体系与环境配置

### 8.1.1 ASP.NET 概述

在前面介绍了 ASP 技术,该技术由微软在 IIS 2.0 上首次与 ADO 1.0 一起推出,成为服务器端应用程序的热门开发工具,但随着应用的日益广泛,其缺点也逐渐地浮现出来:首先,ASP 技术在服务器端使用的脚本语言是一种弱类型的语言,这种语言在处理字符串等其他复杂数据类型的时候,性能受到一定限制。其次,ASP 将标准 HTML 和脚本混合,这种代码编写方式大大限制了开发者实现代码重用和代码维护。

ASP. NET 技术是微软公司在 ASP 之后推出的一种建立在公共语言运行库上的编程框架,可用于开发强大的 Web 应用程序。ASP. NET 是全新的服务器端开发技术,不能将其简单当做 ASP 的升级版本。

ASP. NET 与 ASP 的主要区别在于前者是编译(Compile)执行,而后者是解释(Interpret)执行,前者比后者有更高的效率。另外 ASP. NET 支持事件编程并且支持 Web Controls 功能和多种语言,采用全新的编程环境,支持页面与代码的分离,与 ASP 相比效率更高,提供了很高的可重用性。此外,ASP. NET 还可以利用.NET 平台架构的诸多优越性能,如即时编译、本地优化、缓存服务、安全机制等。

由于 ASP. NET 与现存的 ASP 保持语法兼容,所以通过将现有的 ASP 源码文件扩展名".asp"改为".aspx",然后配置在支持 ASP. NET 运行时的 IIS 服务器的 Web 目录下,即可获得 ASP. NET 运行时的全部优越性能。但需说明的是,由于微软从底层重写了 ASP. NET,所以 ASP. NET 不完全兼容早期的 ASP 版本,所有大部分旧的 ASP 代码需要进行修改才能在 ASP. NET 下运行。

目前 ASP. NET 的开发语言有三种语言:C♯、Visual Basic. Net 和 JScript(微软的 JavaScript 版本),支持 ASP. NET 开发的平台有 Windows XP、Windows 2000、Windows NT4 等。

作为.NET 的一部分,ASP. NET 利用了.NET 架构的强大,安全、高效的平台特性,下面将简单介绍.NET 框架的基本知识。

## 8.1.2　.NET 框架(.NET Framework)

可以将.NET 理解为：.NET＝新平台＋标准协议＋统一开发工具，它是一个可以作为平台支持下一代 Internet 的可编程结构。.NET 框架结构如图 8-1 所示。

| Windows Form | Web Form、Web Service |
|---|---|
| ASP.NET 网络应用程序 | Windows 应用程序 |
| ADO.NET 和 XML | |
| 基类库 | |
| 公共语言运行环境 | |
| 操作系统 | |

**图 8-1　.NET 框架结构**

从图 8-1 可以看出，.NET 框架可以开发基于 C/S 结构的 Windows 系统应用程序和基于 B/S 结构的 Web 应用程序。

.NET Framework 向程序员提供了一个庞大的可重用类库，称为框架类库 (Framework Class Library，FCL)，它能够被任何.NET 语言所使用，并且可增强安全性和提供其他程序设计能力。

公共语言运行库(Common Language Runtime，CLR)是.NET Framework 的重要部分，它可以被看作一个在执行时管理代码的代理，提供内存管理、线程管理和远程处理等核心服务，并且还强制实施严格的类型安全以及可提高安全性和可靠性的其他形式的代码准确性。

公共语言规范(Common Language Specification，CLS)是公共语言运行库支持的语言功能的子集，包含了对象存储的有关信息和其他信息。它允许各个独立的软件供应商为其他平台创建.NET Framework。目前，.NET Framework 仅适用于 Windows 平台。

作为一个多语言组件开发和执行环境，.NET 提供了一个跨语言的统一编程环境。目前，它支持 C++、C♯、Visual Basic 以及 JScript。语言的互操作性给软件公司带来了许多好处。例如，Visual C++.NET、Visual Basic.NET 和 C♯ 开发者可共同开发一个项目。开发者无须学习其他的编程语言，因为他们的代码会被编译成 MSIL，并连接成一个单独的程序。

将程序编译成计算机特有的指令需两个步骤。

第一步，程序被编译成 Microsoft 中间语言(MSIL)，由于 MSIL 与具体的设备、具体的操作系统无关，这样达到代码一次编写，到处运行，从而实现了程序在不同操作系统间的可移植性，以及语言之间的互操作性和执行-管理特性。

第二步，CLR 的另一个编译器将 MSIL 编译成机器代码，并且创建一个单独的应用程序。

### 8.1.3 安装配置 ASP.NET 的运行环境

如果要在服务器中运行 ASP.NET 应用程序，需要构建.NET 环境，包括 Internet 信息服务（IIS 安装和配置参考 3.2.3 节）和.NET Framework。本节主要介绍.NET Framework 的安装部署及.NET 开发工具 Visual Studio 2005。

**1. .NET Framework 的安装和配置**

Microsoft .NET Framework 是 Microsoft .NET 程序的开发框架的运行库。.NET Framework 安装相对简单。可以通过微软的官方网站下载并解压.NET Framework 2.0 安装包，双击安装目录下的 dotnetfx2.0.exe 安装文件，按照安装提示进行安装即可，如图 8-2 所示。

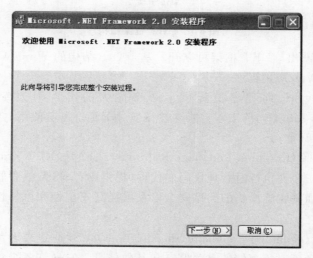

**图 8-2 .NET Framework 2.0 安装向导**

.NET 安装完成后，可以在"Internet 信息服务"中查看相关信息：在"Internet 信息服务"管理界面中点选"默认网站"后右键选择"属性"，在"默认网站属性"窗口中选择"ASP.NET"选项卡，即可查看和设置"ASP.NET version"，安装路径等信息。ASP.NET 选项卡如图 8-3 所示。

**2. 安装和配置开发工具 Visual Studio 2005**

任何文本编辑器都可以开发 ASP.NET 应用程序，如记事本、EditPlus、FrontPage 和 Dreamweaver 等。但开发 ASP.NET 应用程序最好的工具是 Microsoft Visual Studio 2005。

Visual Studio 2005 是 Microsoft 公司发布的一个集成开发工具，主要用来开发.NET 平台的各种应用，可用来生成 ASP.NET Web 应用程序、XML Web Services、桌面应用程序和移动应用程序。由于 Visual Studio 2005 会自动配置服务器环境、所需的全部组件和软件，所以若安装了 Visual Studio 2005 就不需要安装 IIS 和.NET

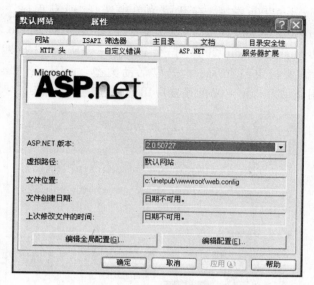

图 8-3　ASP. NET 选项卡

Framework。

　　本书后面示例都以 Visual Studio 2005 作为工具进行介绍，下面将详细讲述 Visual Studio 2005 的安装配置。

　　(1) 安装 Visual Studio 2005

　　Visual Studio 2005 适用操作系统有 Windows NT SP6、Windows 2000 SP4、Windows XP SP2 和 Windows 2003 SP1。安装过程非常简单，双击安装文件中的 Setup.exe，打开"Visual Studio 2005 安装程序"对话框，按提示操作即可，如果出现选项设置时，保留默认设置即可，如图 8-4 所示。

图 8-4　Visual Studio 2005 安装向导

　　(2) 使用 Visual Studio 2005

　　在默认状态下，安装 Microsoft Visual Studio 2005 之后，它会自动配置 ASP. NET 服务器环境，同时可安装所有开发工具，包括 SQL Server 数据库管理系统和帮助文档。

安装 Visual Studio 2005 之后,在开始菜单中选择"所有程序"→Microsoft Visual Studio 2005→Microsoft Visual Studio 2005 命令,启动 Visual Studio 2005。

当第一次启动 Visual Studio 2005 时,会显示图 8-5 所示"选择默认环境设置"对话框,在该对话框中需要指定经常从事的开发活动类型,如 Visual Basic 或 Visual C♯。Visual Studio 使用该信息将预定义的设置应用到相应开发环境中。

**图 8-5　"选择默认环境设置"对话框**

选择默认环境类型设置,系统会配置选项后进入主界面,这时用户可以选择"文件"→"新建"→"网站"命令,如图 8-6 所示,打开"新建网站"对话框,创建 ASP. NET 网站。或者使用"文件"→"打开"菜单命令打开一个已经存在的网站。

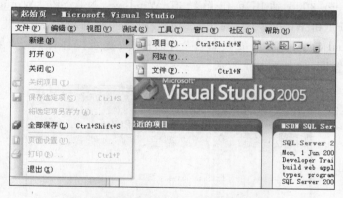

**图 8-6　使用 Visual Studio 2005 新建网站**

## 8.1.4　创建简单的 ASP.NET 程序

本节将通过一个简单的例子说明如何使用 Visual Studio 2005 创建 ASP. NET 网站。

### 1. 创建 ASP. NET 网站

创建 Web 项目或者网站通常有 3 种方式:HTTP 方式、文件系统方式和 FTP 方式,它们分别对应于本机开发调试、直接远程开发调试、开发并上传远程服务器。使用 HTTP 方式创建网站需要安装 IIS 服务；使用文件系统创建网站不必安装 IIS 服务，因为 Visual Studio. NET 2005 本身自带了一个可以运行 ASP. NET 程序的服务，当程序执行或者调试的时候，这个服务就会自动启动。所以本例使用文件系统方式创建网站，进入 VS 系统主界面后选择"文件"→"新建网站"命令打开"新建网站"对话框，位置选择文件系统，同时指定网站在本机的存放地址"F:\WebSite1"及该站点服务器端脚本语言 C♯，如图 8-7 所示。

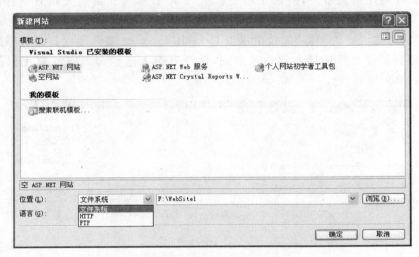

图 8-7　建立站点 WebSite1

### 2. 生成默认文档

单击"确定"按钮，Visual Studio 会自动创建并配置网站，同时站点中生成一个默认页面 Default. aspx 及它的代码文件 default. aspx. cs，如图 8-8 所示。

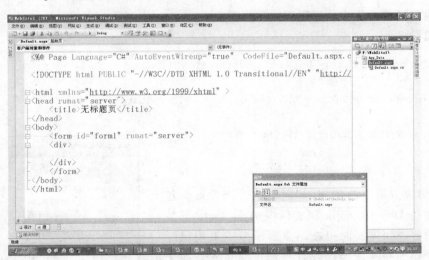

图 8-8　主窗口中显示默认文档 Default. aspx

在 Default. aspx 文件中可以看到如下代码：

代码段 8-1。

```
<%@ Page Language="C#" AutoEventWireup="true" CodeFile="Default.aspx.cs"
Inherits="_Default" %>
```

其中，Language 表示后台代码所使用的语言，这里使用的是 C＃；AutoEventWireup 表示是否自动启用页面事件，默认是启用；CodeFile 表示与此页面关联的后台代码页面的文件名；Inherits 表示后台代码类名，这里是_Default。

在"解决方案资源管理器"面板中双击 Default. aspx. cs 文件即可打开关联的代码文件。该文件起始位置默认导入的命名空间，若没有引入这些命名空间就无权使用适当的. NET 对象来使后台代码工作，如图 8-9 所示。

```
using System;
using System.Data;
using System.Configuration;      命名空间
using System.Web;
using System.Web.Security;
using System.Web.UI;
using System.Web.UI.WebControls;
using System.Web.UI.WebControls.WebParts;
using System.Web.UI.HtmlControls;

public partial class _Default : System.Web.UI.Page
{
    protected void Page_Load(object sender, EventArgs e)
    {

    }
}
```

图 8-9　代码文件 Default. aspx. cs

后台代码类_Default 类（继承自 System. Web. UI. Page）中定义了 Page_Load 事件，该事件内部可放置用户代码以初始化页面。

代码段 8-2。

```
public partial class _Default : System.Web.UI.Page
{
    protected void Page_Load(object sender, EventArgs e)
    {
        //此处放置用户代码以初始化页面
    }
}
```

在"解决方案资源管理器"面板中可以看见新建的默认文档 Default. aspx 和文件夹 App_Data 等整个网站内容。当需要时可在站点目录节点上用鼠标右键选择添加新项或添加现有项创建或导入其他文档，如图 8-10 所示。

图 8-10　"解决方案资源管理器"面板

Visual Studio 提供了各种文档的模板供用户选择，创建一个 ASP. NET 站点的相关文档都可以在这里找到模板，如 Web 页面、母版页、用户控件、Web 配置文件等，如图 8-11 所示。

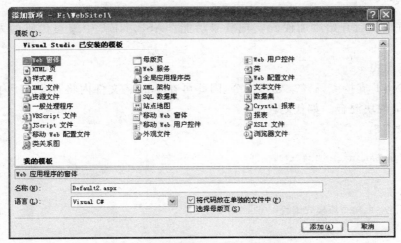

图 8-11　"添加新项"对话框

### 3. 编辑页面

在 .aspx 文件窗口底部切换到"设计"视图，用鼠标拖动左侧"工具箱"中各种控件到窗口中，然后在右侧的"属性"面板中设置控件属性进行页面设计。

图 8-12 是一个简单的用户登录界面，当用户输入正确的用户名和密码（为简化代码，规定用户名为"张三"密码为"1234"）并单击"登录"按钮，显示欢迎信息，若错误显示相关提示信息。

具体实现步骤如下：

（1）为规范页面布局，可先使用一个 4 行 2 列的表格进行布局。

（2）向对应单元格内输入说明文字并拖入控件（2 个 button 控件，2 个 textbox 控件，1 个 lable 控件）。

（3）设置各控件的属性：选中该控件→鼠标右键→属性，如图 8-13 所示。

图 8-12　登录窗口设计界面

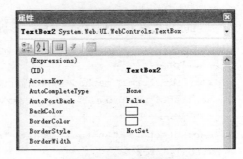

图 8-13　控件属性窗口

该例中需要设置密码文本框(TextBox2)TextMode 属性为 Password，登录和清空按钮的 Text 属性，Lable 控件的 Visible 为 False。设置好后登录窗口如图 8-12 所示。

### 4．添加代码

设计好界面后开始添加代码实现登录功能。ASP．NET 中编写代码的方式大概有 3 种。

（1）流模式

ASP．NET 支持＜％％＞处理指令，因此可在 .aspx 文件内将 HTML 内容与 ＜％％＞ 代码呈现块混合。如代码段 8-3：

代码段 8-3。

```
<%@ Page Language="C#" %>
<HTML>
<HEAD>
<TITLE>ASP.NET 流模式编程</title>
</head>
<body>
<center>
<%Response.Write(".aspx 文件输出"); %>
</center>
</body>
</html>
```

运行该 .aspx 文件，页面居中显示："．aspx 文件输出"。

（2）＜script＞脚本

如果 ASP．NET 代码块中包含了函数的定义，例如事件处理函数的定义，那么不能使用＜％％＞指令，而应该使用＜script＞＜/script＞指令。

代码段 8-4。

```
<body>
<script language="C#" runat="server">
    private void Button1_Click(object sender, System.EventArgs e)
{
    Label1.Text="ASP.NET<script>脚本编程";
}
</script>
<form id="Form1" method="post" runat="server">
<asp:Label id="Label1" runat="server" >代码测试</asp:Label>
<br></br>
<asp:Button id="Button1" runat="server" Text="执行<script>脚本" onclick="Button1_Click">
</asp:Button>
</form>
```

```
</body>
```

（3）页面和代码分离

在 ASP.NET 应用程序中，默认情况下，HTML 页面和 C♯代码是被分开保存于两个文件中的。HTML 页面存放在扩展名是.aspx 的文件中，C♯代码存放在扩展名是.cs的文件中。

页面表现和代码分离，方便美工和程序的协同开发，同时增强了程序代码的可读性和复用性。所以本书中我们都使用该种方式。本例需编写的事件代码包括登录按钮的Click 事件实现验证，清空按钮的 Click 事件清除文本框内容。

在设计界面双击登录按钮（Button1），页面自动切换到并生成事件代码。

代码段 8-5。

```
protected void Button1_Click(object sender, EventArgs e)
    {  }
```

在该事件内编写验证代码。

代码段 8-6。

```
protected void Button1_Click(object sender, EventArgs e)
    {    Label1.Visible =true;
        if (TextBox1.Text =="张三" && TextBox2.Text =="1234")
        { Label1.Text ="欢迎光临!"; }
        else { Label1.Text ="输入错误!"; }
    }
```

在设计界面双击清空按钮（Button2），页面自动切换到并生成事件代码。

代码段 8-7。

```
protected void Button2_Click(object sender, EventArgs e)
    {   }
```

在该事件内编写清空代码。

代码段 8-8。

```
protected void Button2_Click(object sender, EventArgs e)
    {
        TextBox1.Text ="";
        TextBox2.Text ="";
        TextBox1.Focus();
    }
```

### 5. 运行页面

页面设计完成后在.aspx 页面中鼠标右键选择"在浏览器中查看"或在工具栏中选择"启用调试"图标（或按 F5 键）即可在浏览器中预览网页效果。

第一次使用"启用调试"预览页面时，Visual Studio 会自动弹出"未启用调试"对话框,如图 8-14 所示。在"未启用调试"对话框中,选择添加 Web.config 文件,单击"确定"按钮就可以自动添加 Web.config 文件,并启动调试功能。

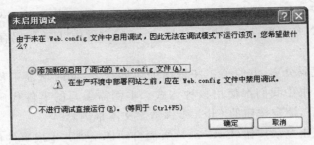

图 8-14　"未启用调试"对话框

页面运行成功后从浏览器地址栏中可以看到网页访问地址:http://localhost:2929/WebSite1/Default.aspx,其中:2929 是服务器随机分配的端口号,如图 8-15 所示。

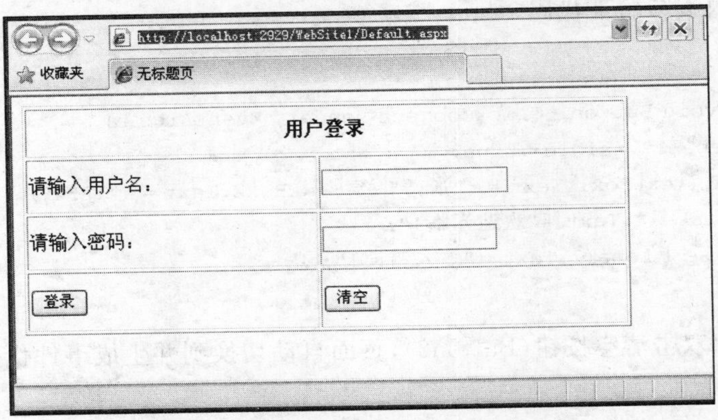

图 8-15　登录窗口

# 8.2　C# 语言基础

C#是一种面向对象的编程语言,主要用于开发可以在.NET 平台上运行的应用程序。其语言体系都构建在.NET 框架上,并且能够与.NET 框架完美结合。学习掌握C#基础是必不可少的。本章的重点就是了解 C#程序语言的运行特点与掌握 C#的编程方法。

## 8.2.1　C# 语言的特点

C#是专门为.NET 应用而开发的语言,可以与.NET 框架完美结合,在.NET 类库的支持下,能够全面地表现.NET Framework 的各种优点。但 C#本身不是.NET 的一部分,.NET 支持的一些特性 C#并不支持,而 C#语言支持的另一些特性,.NET 也不支持(例如运算符重载)。

### 8.2.2 C# 数据类型

C＃是一种强类型的语言，它所使用的任何一个变量都必须有一个数据类型。下面举例介绍一些常用数据类型的使用方法。

#### 1. 整数类型

C＃中有 8 种整数类型：短字节型（sbyte）、字节型（byte）、短整型（short）、无符号短整型（ushort）、整型（int）、无符号整型（uint）、长整型（long）、无符号长整型（ulong）。划分的依据是根据该类型的变量在内存中所占的位数。可以选择最恰当的一种数据类型来存放数据，避免浪费资源。整数类型及说明如表 8-1 所示。

表 8-1　整数类型及说明

| 整数类型 | 特　征 | 取值类型 |
| --- | --- | --- |
| sbyte | 有符号 8 位整数 | $-128\sim127$ |
| byte | 无符号 8 位整数 | $0\sim255$ |
| short | 有符号 16 位整数 | $-32768\sim32767$ |
| ushort | 无符号 16 位整数 | $0\sim65535$ |
| int | 有符号 32 位整数 | $-2147483648\sim2147483647$ |
| uint | 无符号 32 位整数 | $0\sim4294967295$ |
| long | 有符号 64 位整数 | $-9223372036854775808\sim9223372036854775807$ |
| ulong | 无符号 64 位整数 | $0\sim18446744073709551615$ |

#### 2. 实数类型

实数在 C＃中包括两种浮点型数据和一个具有 128 位精度的 decimal 类型。浮点型数据包括单精度（float）和双精度（double）两种。它们的区别在于取值范围和精度不同。

单精度：取值范围在 $\pm1.5\times10^{-45}$ 到 $3.4\times10^{38}$ 之间，精度为 7 位。

双精度：取值范围在 $\pm5.0\times10^{-324}$ 到 $1.7\times10^{308}$ 之间，精度为 15～16 位。

与浮点数不同，decimal 类型保证范围内的所有十进制数都是精确的。所以，decimal 类型具有比浮点类型更高的精度，但它的范围较小。所以，从浮点类型转换为 decimal 类型可能发生溢出错误。此外，decimal 的计算速度要稍微慢一些。

#### 3. 布尔型

布尔类型是用来表示"真"和"假"的。布尔类型表示的逻辑变量只有两种取值。在 C＃中，分别采用 true 和 false 两个值来表示。

在 C 语言中，用 0 来表示"假"，其他任何非零的值表示真。在 C＃中，布尔型变量只能是 true 或者 false。

#### 4. 字符型

字符包括数字字符、英文字母和表达符号等，C＃提供的字符类型按照国际标准，采用 Unicode 字符集。一个 Unicode 的标准字符长度为 16 位,用它可以来表示世界上大多数语言。给一个变量赋值的语法为:char mychar＝'M';

### 5. string 类型

string 类型就是字符串类型。它是由一系列字符组成的。所有的字符串都是写在双引号中的,例如"this is a book."和"hello"都是字符串。"A"和'A'有本质的不同。

string 类型是特殊的引用类型,它的实例是只读的。这个地方要搞清楚语法和实现的区别。在 C♯ 的语法中,static void Change(string str) 是值传递;static void Change(ref string str) 是引用传递。

### 6. 数组类型

C♯ 把数组看作一个带有方法和属性的对象,并存储在堆内存中。同 C 风格类似,声明数组时,要在变量类型后面加一组方括号。例如,A[6]中的 A 称为数组名,6 是下标。数组中第一个元素的下标默认为 0。因为数组是引用类型的变量,所以声明数组的过程与声明类对象相同,包含两个环节,即声明数组变量与数组变量的实例化。

声明一维数组的一般格式为:类型名称 []数组名;例如:int [ ]A;

实例化数组的格式为:数组名称＝new 类型名称[无符号整型表达式];

string x ="abc", y ="5"; int [ ]A =new int[3]{1,2,3};

在多维数组中,比较常用的是二维数组,声明二维数组与声明一维数组格式类似。例如:

int[ , ] A=new int[3,2]{{1,2},{3,4},{0,0},{8,9},{34,56},{32,1}};

声明多维数组时,用逗号表示维数,一个逗号表示二维数组,两个逗号表示三维数组,依次类推。

## 8.2.3　变量和常量

### 1. 变量

变量是指在程序的运行过程中随时可以发生变化的量。变量代表数据的实际存储位置。各个变量所能存储的数值由它本身的类型决定。在变量被赋值以前,变量自身的类型必须被明确地声明。

在 C♯ 中,使用变量的基本原则是:先声明,后使用。声明变量就是把存放数据的类型告诉程序,以便为变量安排内存空间。C♯ 中的变量命名规范如下:

(1) 必须以字母或下划线开头。

(2) 只能由字母、数字、下划线组成,不能包含空格、标点符号、运算符以及其他符号。

(3) 不能与 C♯ 关键字同名,如 class、new 等。

变量的数据类型可以对应所有基本数据类型。声明变量最简单的格式为:

数据类型名称 变量名列表;

例如：

```
float a;              //声明一个单精度浮点型变量
char f,h,r;           //声明 3 个字符型变量
string b= "欢迎光临"; //声明一个字符串变量,并赋初值
```

### 2. 常量

同变量一样,常量也用来存储数据,它们的区别在于,常量一旦初始化就不再发生变化,可以理解为符号化的常数。常量的声明和变量类似,需要指定其数据类型、常量名以及初始值,并需要使用 const 关键字,例如：

```
[public] const double PI=3.1415;
```

其中,[public]关键字可选,是变量的作用域,并可用 private、protected、internal 或 new 代替。

常量定义中,"常量表达式"的意义在于该表达式不能包含变量及函数等值会发生变化的内容。

## 8.2.4　语句结构

虽然 C♯ 是完全的面向对象语言,但仍然要使用结构化程序设计的方法来控制程序的执行流程,其结构化程序设计有三种基本控制结构,即顺序结构、选择结构和循环结构。

### 1. 顺序结构

顺序结构是最基本的控制结构,主要由赋值语句、输入语句、输出语句、复合语句构成。该结构中的每条语句都将按照书写的顺序被执行。

### 2. 分支结构

分支语句根据条件表达式来判断执行哪个语句序列,包括单分支语句和多分支语句。

（1）if 单分支选择结构

if 单分支选择结构根据表达式的值决定是否执行语句序列。其语法如下：

```
if(表达式)
{
语句序列;
}
```

如果表达式的值为 true（真）,则执行语句序列中的语句；如果表达式的值为 false（假）,则不执行语句序列中的语句。

（2）if…else 双分支选择结构

if…else 语句根据表达式的值有选择地执行程序中的语句序列。其声明语法如下：

```
if(表达式)
{
语句序列 1;
}
else
{
语句序列 2;
}
```

如果表达式的值为 true(真),则执行语句序列 1 中的语句;否则执行语句序列 2 中的语句。

(3) if…else if…else 多分支选择结构

当需判定多个条件以便在多个语句序列中进行选择时使用 if…else if…else 语句。其声明语法如下：

```
if(表达式 1)
{
语句序列 1;
}
else if(表达式 2)
{
语句序列 2;
}
else if(表达式 3){…}
else if(表达式 4){…}
  ⋮
else
{
语句序列 n;
}
```

执行顺序说明如下：

① 若表达式 1 的值为 true,则执行语句序列 1,然后结束整个 if 语句。

② 如果表达式 1 的值为 false,则判断表达式 2,如果其值为 true,则执行语句序列 2 中的语句,然后结束整个 if 语句。

③ 如果表达式 2 的值为 false(即表达式 1 和 2 的值均为 false),继续向下判断其他表达式的值。

④ 如果所有表达式的值都为 false,则执行语句序列 $n$ 中的语句,然后结束整个 if 语句。

(4) Switch 多分支选择结构

如(3)中所示,对于多分支(尤其是判定条件多于 3 个时)的选择,使用 if…else if…

else 语句可能会很复杂和冗长。switch 语句在处理多值判断方面就简明清晰得多。其声明语法如下：

```
switch(表达式)
{
case 常数表达式 1：
{
语句序列 1；
}
跳转语句(如 break、return、goto)
case 常数表达式 2；
{
语句序列 2；
}
跳转语句(如 break、return、goto)
//其他的 case 子句
defalut：
{
语句序列 n；
}
}
```

### 3. 循环结构

循环结构根据一定的条件重复执行某一语句序列实现目标结果。C♯ 中的循环结构包括 for、while、do-while、和 foreach 循环，它们分别适用于不同的循环要求。

（1）for 语句

当循环变量在指定范围内时，重复地执行语句序列内代码，并根据变量变化规则对变量值做出改变。该结构用于预先知道语句序列应要执行多少次时。其声明语法如下：

```
for (循环变量初始化；变量变化范围；变量变化规则)
{
    语句序列
}
```

如一个需要重复执行 100 次的语句序列可以写为：

```
for(int i=1;i<=100;i++)
{语句序列；}
```

（2）while 语句

while 语句表示条件表达式满足时执行循环体。其声明语法如下：

```
while(条件表达式)
{
    循环语句
```

```
}
```

为避免死循环出现,循环体中要包含使条件表达式的值发生改变的语句。

（3）do…while 语句

do…while 与 while 语句相似,都在条件表达式值为假时退出循环,但由于 do…while 语句的布尔表达式在嵌套语句执行后再求值,因此该语句保证循环语句至少执行一次。其声明语法如下：

```
do
{
    循环语句
}
while(条件表达式)
```

**4. 跳转语句**

在循环体内部进行流程控制时要用到跳转语句,常用的三个跳转语句为：

（1）break：break 语句用于退出循环或者 switch 语句,可以包含在 switch、while、do、for 或 foreach 语句序列中。

（2）continue：continue 语句不是退出一个循环,而是不执行本次循环剩下的代码,开始执行下一次循环。只能用在 while 语句、do…while 语句、for 语句,或者 foreach 语句的循环体内。

（3）return：return 语句用于指定函数返回的值,只能出现在函数体内。

# 8.3  ASP.NET 控件的使用

本节重点介绍 ASP. NET 2.0 中一些常用的服务器控件,如文本控件、按钮控件、单选按钮、复选按钮等。

## 8.3.1  ASP.NET 控件概述

ASP. NET 有一组强大的控件库,包括 Web 服务器控件、Web 用户控件、Web 自定义控件、HTML 服务器控件和 HTML 控件等。充分利用这些控件可以加强程序开发的方便性和快捷性。

进入 Web 窗体的"设计"编辑界面,选择"视图"→"工具箱"命令,可以看到左侧有一列工具箱菜单,如图 8-16 所示。

这些控件按照应用类别可分为标准控件、数据控件、验证控件、导航控件、登录控件、WebParts 控件、HTML 控件、Crystal Reports 控件、常规控件类。

图 8-16  Visual Studio 控件工具箱

### 8.3.2　HTML 控件

ASP. NET 支持在页面中使用 HTML 控件。HTML 控件是从 HTML 标记衍生而来的,每个控件对应于一个或一组 HTML 标记。该类控件在默认情况下属于客户端控件,服务器无法对其进行控制,只能在客户端通过 JavaScript 和 VBScript 等程序语言来控制。

HTML 控件可以通过在对应的 HTML 标记属性内添加 runat＝"server"就可以变成服务器端控件,可以执行服务器端代码。

Visual Studio 为我们提供了相关的 HTML 控件工具箱,可以直接在页面文件设计栏中使用,但其源代码栏语法应符合 XHTML 规范,否则在 VS 环境下有源视图切换到页面视图会出现错误。

### 8.3.3　服务器端控件

ASP. NET 的服务器控件是运行在服务器上的,直接封装了操作该控件的方法。服务器端控件的执行过程可以概括为:当用户请求一个包含有 Web 服务器端控件的.aspx 页面时,服务器首先将页面中包含的服务端控件及其他内容解释成标准的 HTML 代码,然后将处理结果以标准 HTML 的形式一次性发送给客户端。

ASP. NET 支持三种服务器端控件:HTML 服务器端控件、Web 服务器端控件和用户自定义控件。其中,Web 服务器端控件是.NET 推荐使用的控件。Visual Studio 工具箱中的控件除 HTML 控件外都属于服务器端控件,如标准 Web 控件、数据验证控件、数据绑定控件、导航控件等。下面将分小节对它们进行介绍。

### 8.3.4　HTML 服务器控件

HTML 服务器控件就是标签中添加了 runat＝"server" 属性的 HTML 控件。这些服务器控件必须位于设置了 runat＝"server"属性的表单内。表单的 runat＝"server" 属性表示该表单应在服务器端处理,表单内部控件可被服务器脚本访问。下列代码实现在.aspx 文件中载入 HTML 服务器控件 name(文本框)和 submit(按钮)。

代码段 8-9。

```html
<html>
<body>
<form runat="server">
用户名<input type=text id="name" runat="server"><br>
<input type=submit value="提交" runat="server">
</form>
</body>
</html>
```

### 8.3.5 Web 服务器控件

Web 服务器控件在服务器上创建,它们同样需要设置 runat="server" 属性以执行服务器端代码,但 Web 服务器控件并非源自已存在的 HTML 元素,它们封装了更强大的功能。

#### 1. 文本框控件 TextBox

TextBox 控件是常用的 Web 服务器端控件,主要用于文本的输入。它可以通过属性设置代替很多 HTML 控件。例如,改变 TextBox 控件的 TextMode 属性,就可以替代 HTML 控件中的<input type=text>控件(将 TextMode 属性设为"SingleLine")、<input type=password>控件(将 TextMode 属性设为"Password")和<textarea>控件(将 TextMode 属性设为"Multiline")。

#### 2. 标签控件 Label

Label 控件用于在页面上以编程方式设置文本。利用该控件可以先在控件属性中设置文本的显示样式。所有服务器控件的属性设置既可以通过 VS 提供的控件属性窗口设置(选中控件→鼠标右键→属性)。

#### 3. 按钮控件 Button

Button 控件可让用户将网页发布到服务器以及在网页上触发事件。默认地,该控件是提交按钮。也可以编写事件句柄来控制命令按钮被单击时执行的动作。

Button 控件最常用的事件为 Click,如在.aspx 设计栏中双击控件 Button1(Button 控件 ID)即可在关联的.cs 文件中自动生成该事件。该事件内定义用户单击 Button1 时服务器执行的代码。

```
protected void Button1_Click(object sender, EventArgs e)
    {......  }
```

在下面的例子中,在 Default.aspx 文件中声明一个 TextBox 控件、一个 Button 控件以及一个 Label 控件。当单击 Button 控件时,将用户输入到 TextBox 控件中的值以红色隶书显示在 Label 控件内。

Default.aspx 内主要代码如代码段 8-10 所示。

代码段 8-10。

```
<form id="form1" runat="server">
<div>
    姓名:<asp:TextBox ID="TextBox1" runat="server"></asp:TextBox><br />
    <br />
<asp:Button ID="Button1" runat="server" Text="提交" />
<asp:Label ID="Label1" runat="server" Font-Names="隶书" ForeColor="Red" Text=
```

```
"Label"></asp:Label></div>
</form>
```

Default.aspx.cs 内主要代码如代码段 8-11 所示。

代码段 8-11。

```
protected void Page_Load(object sender, EventArgs e)
{
    Label1.Visible = false;          //页面加载时 Label1 设为不可见
}
protected void Button1_Click(object sender, EventArgs e)
{
    Label1.Text = TextBox1.Text;     //将 TextBox1 的值赋给 Label1
    Label1.Visible = true;           //Label1 设为可见
}
```

#### 4. RadioButton 和 RadioButtonList 控件

RadioButton 控件用于显示单选按钮。

RadioButton 控件最常用的事件为 CheckedChanged，如在.aspx 设计栏中双击 RadioButton 控件即可在关联的.ca 文件中自动生成该事件。该事件内定义当控件的 Checked 属性被改变时，服务器执行的代码。

RadioButtonList 控件用于创建单选按钮组。如需创建一系列使用数据绑定的单选按钮，应使用 RadioButtonList 控件。一种简单的实现文本设置方式是进入 ListItem 集合编辑器添加并编辑每一个列表项，如图 8-17 所示。

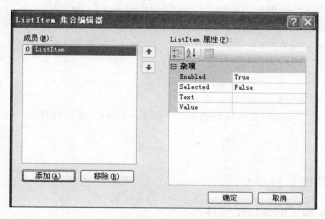

**图 8-17　编辑项方式**

RadioButtonList 控件最常用的事件为 SelectedIndexChanged。该事件内定义当控件的 Checked 属性被改变时，服务器执行的代码。

下例使用 RadioButton 和 RadioButtonList 控件创建表单，用户单击按钮后，由 Lable 控件显示选中值。

.aspx 文件主要代码如下：

代码段 8-12。

```
< form id="form1" runat="server">
    <div>
        性别：< asp: RadioButton ID="RadioButton1" runat="server" Text="男"
Checked="True" GroupName="sex" />
        <asp:RadioButton ID="RadioButton2" runat="server" Text="女" GroupName
="sex" /><br />
        注册使用证件：<asp:RadioButtonList ID="RadioButtonList1" runat="server">
            <asp:ListItem Selected="True">身份证</asp:ListItem>
            <asp:ListItem>护照</asp:ListItem>
            <asp:ListItem>军人证</asp:ListItem>
        </asp:RadioButtonList><br />
        <asp:Button ID="Button1" runat="server" Text="提交" OnClick="Button1_
Click" />
        <asp: Label ID="Label1" runat="server" Text="Label" Visible="False"
Width="151px"></asp:Label></div>
</form>
```

.cs 文件按钮单击事件主要代码如下：

代码段 8-13。

```
protected void Button1_Click(object sender, EventArgs e)
    {
        Label1.Visible =true;
        string sex;
        if(RadioButton1.Checked)
        {sex="男";}
        else
        {sex="女";}
        Label1.Text ="您选择的性别为"+ sex+"<br>使用证件为"+RadioButtonList1.
        Text;
    }
```

其运行结果如图 8-18 所示。

### 5. CheckBox 和 CheckList 控件

CheckBox（复选框）和 CheckList（复选框组）控件都是用于向用户提供多选输入数据的控件。用户可以在控件提供的多个选项中选择一个或多个。被选中的对象中带有一个"√"标记。

CheckBoxList 控件用于创建多选的复选框组。CheckBoxList 控件支持数据绑定，也可通过定义 ListItem 元素设置每个可选项。设置方式与 RadioButtonList 控件相似。

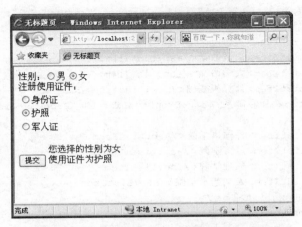

图 8-18　使用 RadioButton 和 RadioButtonList 控件

### 6. ListBox 和 DropDownList 控件

ListBox(列表框)和 DropDownList(下拉列表框)控件也是一种常见的用于向用户提供输入数据选项的控件,其外观如图 8-19 和图 8-20 所示。

图 8-19　列表框　　　　　　　　　　图 8-20　下拉列表框

ListBox 控件以列表形式显示各可选项,一次可选中一项或多项。复选时只要将 SelectionMode 属性指定为 Multiple(复选)即可。DropDownList 控件以下拉菜单形式显示各可选项。ListBox 控件 DropDownList 控件中的可选项目可以通过数据绑定或 ListItem 元素定义,定义方式与 RadioButtonList 控件相似。

上述控件中 CheckBoxList、DropDownList、ListBox 以及 RadioButtonList 控件都继承自 ListControl 控件,所以除上述属性表中给出的控件属性外这 4 种控件还具有下表中列出的共有属性。这些控件都可触发 OnSelectedIndexChanged 事件,其中定义当选定项的 index 被更改时,将要执行的代码。

下例使用 ListBox 和 DropDownList 控件创建表单,用户单击按钮后,由 Lable 控件显示选中值(ListBox 可选中多项)。

.aspx 文件主要代码如下:

代码段 8-14。

```
<form id="form1" runat="server">
<div>
```

```
选修课程:<asp:ListBox ID="ListBox1" runat="server" SelectionMode=
"Multiple">
    <asp:ListItem>英语</asp:ListItem>
    <asp:ListItem>离散数学</asp:ListItem>
    <asp:ListItem>大学语文</asp:ListItem>
    <asp:ListItem>计算机基础</asp:ListItem>
</asp:ListBox>所在院系:<asp:DropDownList ID="DropDownList1" runat=
"server">
    <asp:ListItem>外国语学院</asp:ListItem>
    <asp:ListItem>经济学院</asp:ListItem>
    <asp:ListItem>数理学院</asp:ListItem>
    <asp:ListItem>人文艺术学院</asp:ListItem>
</asp:DropDownList><br />
<asp:Button ID="Button1" runat="server" OnClick="Button1_Click" Text="提
交" />
<asp:Label ID="Label1" runat="server" Text="Label" Visible="False"></asp:
Label></div>
</form>
```

.cs 文件按钮单击事件主要代码如下：

代码段 8-15。

```
protected void Button1_Click(object sender, EventArgs e)
    {
        string course="";
        Label1.Visible =true;
        for (int i =0; i<ListBox1.Items.Count; i++)
        {
            if (ListBox1.Items[i].Selected)
            { course+=ListBox1.Items[i].Text+","; }
        }
        Label1.Text ="您选修的课程为"+ course+";<br>所在学院为"+ DropDownList1.
        Text;


    }
```

其运行结果如图 8-21 所示。

图 8-21    使用 RadioButton 和 RadioButtonList 控件

# 8.4  ASP.NET 的内置对象

本章对 ASP. NET 常用对象进行介绍,如表 8-2 所示。

表 8-2  ASP. NET 常用对象

| 对象名 | 说　明 |
| --- | --- |
| Response | 提供向浏览器写入信息或者发送指令等功能 |
| Request | 提供从浏览器读取信息或者取客户端信息等功能 |
| Application | 为所有用户提供共享信息 |
| Server | 提供服务器端一些的属性和方法 |
| Session | 为某个用户提供共享信息 |
| Context | 页面上下文对象,使用此类共享页之间的信息 |
| Trace | 提供在 HTTP 页输出自定义跟踪诊断消息 |

## 8.4.1  Response 对象

Response 对象是 HttpResponse 类的一个实例,用于向客户端浏览器发送数据,提供了丰富的方法和属性用于控制响应的输出方式。Response 对象的常用属性如表 8-3 所示。

表 8-3  Response 对象的常用属性

| 属　　性 | 说　明 | 属性值 |
| --- | --- | --- |
| BufferOutput | 获取或设置一个值,该值指示是否缓冲输出,并在完成处理整个页之后将其发送 | 如果缓冲了到客户端的输出,则为 true;否则为 false。默认为 true |
| Cache | 获取 Web 页的缓存策略(过期时间、保密性、变化子句) | 包含有关当前响应的缓存策略信息的 HttpCachePolicy 对象 |
| Charset | 获取或设置输出流的 HTTP 字符集 | 输出流的 HTTP 字符集 |
| IsClientConnected | 获取一个值,通过该值指示客户端是否仍连接在服务器上 | 如果客户端当前仍在连接,则为 true;否则为 false |

Response 对象的常用方法如表 8-4 所示。

表 8-4  Response 对象的常用方法

| 方　　法 | 说　明 |
| --- | --- |
| Write | 将指定的字符串或表达式的结果写到当前的 HTTP 输出 |
| End | 停止页面的执行并得到相应结果 |
| Clear | 用来在不将缓存中的内容输出的前提下,清空当前页的缓存 |
| Flush | 将缓存中的内容立即显示出来 |
| Redirect | 使浏览器立即重定向到程序指定的 URL |

### 1. Write 方法

该方法把数据输出到客户端浏览器,语法格式为:

Response.Write(字符串常量/变量、表达式);

下例给出了该方法向客户端浏览器输出数据的各种情况。
代码段 8-16。

```
protected void Page_Load(object sender, EventArgs e)
{
Response.Write("你好!")                //向浏览器输出普通字符串常量
Response.Write("<br><font face=楷体 size=24 color=red>你好!</font><br>");
                                       //向浏览器输出带有 HTML 标记的字符串常量
int a=16;
Response.Write(a+"<br>");              //向浏览器输出变量 a 的值,显示 16
Response.Write(TextBox1.Text+"<br>");
                                       //向浏览器输出服务器控件 TextBox1 的值
Response.Write(DateTime.Now.ToString()+"<br>");
                                       //向浏览器输出变量的值,显示服务器时间
Response.Write("<a href='http://www.163.com'>访问网易</a><br>");
                                       //向浏览器写入超链接文字
Response.Write("\""+"Hello World!"+"\"<br>"); //向浏览器输出带有双引号的文字信
息,\"为转义字符,输出为:" Hello World!"
Response.Write("<script language=javascript>alert('弹出警示窗! ');</script
>");                                   //向浏览器写入包含有脚本的文字信息()
}
```

### 2. WriteFile 方法

该方法将文件输出到客户端。语法格式为:

Response.WriteFile(要输出文件的具体路径);

使用该方法输出文件前一般需要先设置 Response 的 ContentType 属性,指明输出的内容 MIME 类型。下列代码是向页面输出 excel 文件 a. xls。

```
Response.ContentType = "application/vnd.ms-excel";
Response.WriteFile("a.xls"));
Response.ContentEncoding =System.Text.Encoding.GetEncoding("gb2312");
```

若在文件中包含中文字符,为保证能在浏览器中正常显示,可在两行代码间加入:

```
Response.ContentType="text/xml";
```

### 3. Redirect 方法

使用 Response. Redirect 方法可以实现在不同页面之间进行跳转的功能,也就是可

以从一个网页地址转到另一个网页地址,可以是本机的网页,也可以是远程的网页地址。
语法格式为:

```
Response. Redirect (重新定位的 URL);
```

下列代码的作用是当用户访问该页面时,判断该用户 IP 所在网段,如在规定网段内
("122.147.0."),页面跳转到页面 default. aspx,否则,弹出警示框:"非内网用户,请登
录后访问!"

代码段 8-17。

```
protected void Page_Load(object sender, EventArgs e)
    {
        string strUserIp = Request.UserHostAddress;
        if(strUserIp.IndexOf("122.147.0.",0)==0)
        {
            Response.Redirect("default.aspx");
        }
        else
        {
            Response.Write("<script language=javascript>alert('非内网用户,请登
            录后访问! ');</script>");
        }
    }
```

### 4. End 方法

该方法用于告诉 Web 服务器当遇到该方法时停止处理 asp. net 文件。如果
Response 对象的 Buffer 属性设置为 true(该属性用于指定页面输出时是否要用到缓冲
区,默认值是 false),这时 End 方法即把缓存中的内容发送到客户并清除缓冲区。要取消
所有向客户的输出,可以先清除缓冲区,然后使用 End 方法。如:

代码段 8-18。

```
<%
Response Buffer="True" On error resume next
err.clear
if err.num<>0 then
Respone.Clear
Response.End
end if
%>
```

在调试页面时,如需要程序运行分阶段查看某个变量的结果,那么必须在适当的位
置让当前页面停止执行,可以使用 Response. End()的方法来完成这个任务。

## 8.4.2　Request 对象

Request 对象的功能是从客户端得到数据,获取通过浏览器提交的数据和得到客户端的相关信息,其常用的属性和方法如表 8-5 和表 8-6 所示。

表 8-5　Request 对象的常用属性

| 属　　性 | 说　　明 |
| --- | --- |
| QueryString | 获取 HTTP 查询字符串变量集合 |
| Form | 获取 Form 表单对象变量 |
| Path | 获取当前请求的虚拟路径 |
| UserHostAddress | 获取远程客户端的 IP 主机地址 |
| Browser | 获取有关正在请求的客户端的浏览器功能的信息 |

表 8-6　Request 对象的常用方法

| 方　　法 | 说　　明 |
| --- | --- |
| BinaryRead | 执行对当前输入流进行指定字节数的二进制读取 |
| MapPath | 为当前请求将请求的 URL 中的虚拟路径映射到服务器上的物理路径 |

### 1. 从浏览器获取数据

利用 Request 方法,可以读取其他页面提交过来的数据。提交的数据有两种形式:一种是通过 Form 表单提交过来,另一种是通过 URL 后面的参数提交过来,两种方式都可以利用 Request 对象读取。常用的三种取得数据的方法是: Request. Form、Request. QueryString、Request,其第三种是前两种的一个缩写,可以取代前两种情况。以下代码分别使用 Request. Form 和 Request. QueryString 获取表单提交的数据。

submit. htm 页面代码:

代码段 8-19。

```
<head>
    <title>使用 POST 方法传送数据</title>
</head>
<body>
    <form method="post" action="display.aspx">
        输入姓名:<input type="text" name="myname"/><br/>
        <input type="submit" value="提交"/>
    </form>
</body>
</html>
display.aspx 页面代码:
<%@ Page Language="C#"%>
<%
    Response.Write("姓名:"+Request.Form ["Name"]+"<br>";
```

```
Response.Write("爱好:"+Request.Form ["Love "]+"<br>";%>
```

若将 submit.htm 页面表单中的 method 属性改为 Get,则 display.aspx 页面代码则变为:

```
<%
    Response.Write("姓名:"+Request. QueryString ["Name"]+"<br>";
    Response.Write("爱好:"+Request. QueryString ["Love "]+"<br>";%>
```

### 2. 得到客户端的信息

利用 Request 对象内置的属性,可以得到一些客户端的信息,例如,客户端浏览器版本和客户端地址等。

代码段 8-20。

```
<%@ Page Language="C#"%>
<%=Request.UserAgent %>                     //获取客户端浏览器
<%=Request.UserHostAddress %>               //获取客户端 IP 地址
<%=Request.PhysicalApplicationPath %>       //获取当前文件服务端物理路径
```

## 8.4.3　Application 对象

Application 对象是共有的对象。所有的用户都可以对某个特定的 Application 对象进行修改。Application 对象内保存的信息可以在 Web 服务整个运行期间保存,并且可以被调用 Web 服务的所有用户使用。该对象主要用于将服务器状态保存到该对象或从该对象中获取状态信息。Application 对象的创建和使用语法格式如下所示:

```
<%Application["name"]="张三!";%>           //创建 Application 对象变量 name 并赋值
<%=Application["Greeting"]+"欢迎光临!"%>    //输出"张三欢迎光临!"
```

Application 对象的常用方法如表 8-7 所示。

表 8-7　Application 对象的常用方法

| 方　　法 | 说　　明 |
| --- | --- |
| Add | 新增一个新的 Application 对象变量 |
| Clear | 清除全部的 Application 对象变量 |
| Get | 使用索引关键字或变数名称得到变量值 |
| GetKey | 使用索引关键字来获取变量名称 |
| Lock | 锁定全部的 Application 变量 |
| Remove/RemoveAll | 使用变量名称删除一个 Application 对象/删除全部的 Application 对象变量 |
| Set | 使用变量名更新一个 Application 对象变量的内容 |
| UnLock | 解除锁定的 Application 变量 |

下面的代码实现了一个简单的聊天室功能。

Chatting. htm 页面主要代码如下:

代码段 8-21。

```
<FORM ACTION= "chat.aspx" METHOD="post">
```

```
<INPUT TYPE="text" SIZE="30" NAME="content">
<INPUT TYPE="submit" VALUE="提交">
</FORM>
```

chat.aspx 页面主要代码如下：

代码段 8-22。

```
<%@ Page Language="C#" %>
<%
    string words=Request.Form["content"];
                    //将客户端表单中文本框 content 获取的值存入服务器变量 words
    Application.Lock();//Application 对象加锁,防止多用户同时访问
    Application["content"]=Application["content"]+"<br>"+words;//将用户每次
输入的内容追加到之前的内容后并用 Application 对象变量 content 保存
    Response.Write(Application["content"]);//输出聊天内容
    Application.UnLock();//Application 对象解锁使其他用户可以访问
%>
```

下例使用 Application 对象实现网页计数器功能。

代码段 8-23。

```
<%@ Page Language="C#" %>
<%
    Application.Lock();
    Application["count"]=Convert.ToInt32(Application["count"])+1;//每次程序执
行计数变量 Application["count"]加 1,也就是页面每刷新一次(不论刷新该页面的用户
是谁),数字自动加 1
    Application.UnLock();
%>
您是本站点第<%=Application["count"]%>位用户!
```

## 8.4.4 Session 对象

使用 Session 对象存储特定的用户会话所需的信息,对应 HTTPSession 类。当用户在应用程序的页之间跳转时,存储在 Session 对象中的变量不会清除,而是在整个用户会话中一直存在下去。

Session 对象的常用属性如表 8-8 所示。

表 8-8  Session 对象的常用属性

| 属　　性 | 说　　明 |
| --- | --- |
| SessionID | 获取用于标识会话的唯一会话 ID |
| Count | 获取会话状态集合中 Session 对象的个数 |
| TimeOut | 获取或设置在会话状态提供程序终止会话之前各请求之间所允许的超时期限(以分钟为单位) |

Session 对象的常用方法如表 8-9 所示。

表 8-9　Session 对象的常用方法

| 方　法 | 说　明 | 方　法 | 说　明 |
|---|---|---|---|
| Add | 新增一个 Session 对象 | Remove | 删除会话状态集合中的项 |
| Clear | 清除会话状态中的所有值 | RemoveAll | 清除所有会话状态值 |

下例定义站点 website1，包含页面 login. aspx 和 welcome. aspx，其中 login. aspx 为用户登录页面，用户在此页面输入用户名和密码，若通过身份验证，跳转到 welcome. aspx 页面（此处为简化程序规定合法用户名为"张三"，密码为"1234"）。welcome. aspx 页面显示欢迎信息。若未通过身份验证 login. aspx 页面显示错误信息，welcome. aspx 页面不能直接访问，否则弹出提示信息。

login. aspx（此处代码略去了用于布局的<table>标签）主要代码如下：

代码段 8-24。

```
<body>
    <form id="form1" runat="server">
    <div>请输入登录信息:<br />
用户名:<asp:TextBox ID="TextBox1" runat="server" Width="139px"></asp:TextBox
>
密　码:<asp:TextBox ID="TextBox2" runat="server" TextMode="Password"></asp:
TextBox>
<asp:Button ID="Button1" runat="server" Text="登录" />
<asp:Button ID="Button2" runat="server" Text="重置" />
</form>
</body>
login.aspx.cs 文件:
protected void Button1_Click(object sender, EventArgs e)
    {
        if (TextBox1.Text =="张三" && TextBox2.Text =="1234")
        { Session["pass"] =TextBox1.Text;
        Response.Redirect("welcome.aspx");
        }
        else
        { Response.Write("<script language=javascript>alert('登录信息不正确!
');</script>");}
    }
```

welcome. aspx. cs 文件主要代码如下：

代码段 8-25。

```
protected void Page_Load(object sender, EventArgs e)
    {
    if (Session["pass"] ==null)              //若 Session["pass"]未获值
     {Response.Write("<script language=javascript>alert('请登录后访问! ');</
script>"); }                                //弹出警示框
```

```
else { Response.Write(Session["pass"]+"欢迎光临本页面!"); }
                                    //从 login.aspx 获得用户名
}
```

登录页面如图 8-22 所示。

正确登录后的页面如图 8-23 所示。

图 8-22　访问 login. aspx 页面

图 8-23　输入正确用户名和密码显示页面

登录信息不正确的提示页面如图 8-24 所示。

直接访问 welcome. aspx 显示的页面如图 8-25 所示。

图 8-24　输入错误显示的页面

图 8-25　直接访问 welcome. aspx 显示的页面

### 8.4.5　Server 对象

通过 Server 对象可以访问服务器的方法和属性,获取有关服务器的信息。其对应 HttpServerUtility 类,Server 对象的常用属性如表 8-10 所示。

表 8-10　Server 对象的常用属性

| 属　　　性 | 说　　　明 |
| --- | --- |
| SessionID | 获取用于标识会话的唯一会话 ID |
| Count | 获取会话状态集合中 Session 对象的个数 |
| TimeOut | 设置和获取请求服务器的超时期限,以秒为单位 |

Server 对象的常用方法如表 8-11 所示。

表 8-11　Server 对象的常用方法

| 方　　　法 | 说　　　明 |
| --- | --- |
| Execute | 使用另一页执行当前请求 |
| Transfer | 终止当前页的执行,并为当前请求开始执行新页 |

续表

| 方　　法 | 说　　　明 |
|---|---|
| HtmlEncode | 对要在浏览器中显示的字符串进行编码 |
| HtmlDecode | 对已被编码以消除无效 HTML 字符的字符串进行解码 |
| MapPath | 返回与 Web 服务器上的指定虚拟路径相对应的物理文件路径 |
| UrlDecode | 对字符串进行解码，该字符串为了进行 HTTP 传输而进行编码并在 URL 中发送到服务器 |
| UrlEncode | 编码字符串，以便通过 URL 从 Web 服务器到客户端进行可靠的 HTTP 传输 |

这里需要说明的是，Server 对象的 Execute 方法和 Transfer 方法与 Response 对象 Redirect 方法都可以实现从当前页面跳转到另一页面的功能，但三者在具体实现上是有区别的：

Execute 方法和 Transfer 方法是在服务器端执行，所以不会影响客户端浏览器地址栏中的 URL 值；Response 对象 Redirect 方法实现的是直接的页面跳转，URL 值将变为 Redirect 方法中指定的新 URL 值。

Execute 方法在新页面中执行后返回到原页面继续执行后续代码；而 Transfer 方法在执行新页面后不再返回原页面。如在页面 A 中存在语句：

```
语句序列 1;
Server.Execute("B.aspx")
语句序列 2;
```

页面 B 中存在语句序列 3，则页面 A 实际执行的语句序列为：

```
语句序列 1;
语句序列 3
语句序列 2;
```

若页面 A 中存在语句为：

```
语句序列 1;
Server. Transfer ("B.aspx");
语句序列 2;
```

则页面 A 实际执行的语句序列为：

```
语句序列 1;
语句序列 3;
```

# 习　　题

1. （　　）是. NET Framework 的重要部分，它可以被看作一个在执行时管理代码的代理，提供内存管理、线程管理和远程处理等核心服务。

2. ( )是公共语言运行库支持的语言功能的子集,包含了对象存储的有关信息和其他信息。

3. 在 C 语言中,用 0 来表示"假",其他任何非零的值表示真。在 C♯中,布尔型变量只能是( )或者( )。

4. 在 C♯语言中,其结构化程序设计有三种基本控制结构,即( )、选择结构和( )。

5. ASP. NET 有一组强大的控件库,包括( )、Web 用户控件、Web 自定义控件、( )和 HTML 控件等。

6. 在 ASP. NET 中有几个常用的内置对象,例如:提供向浏览器写入信息或者发送指令等功能的( )对象;提供从浏览器读取信息或者取客户端信息等功能的( )对象;为所有用户提供共享信息的( )对象等。

7. 利用本章所学的知识,实现一个具有论坛登录注册功能的系统。

# 第 9 章

# JavaEE 解决方案

## 9.1 JavaEE 是什么

### 9.1.1 JavaEE 简介

JavaEE(Java Platform Enterprise Edition)是 Sun 公司针对 Internet 环境下企业级应用提出的一种全新概念的模型,它的核心是一组规范和指南,定义和规范了 Java 技术应该提供何种类型的功能,为企业级应用程序的开发提供支持。

### 9.1.2 JavaEE 的概念

JavaEE 是一种利用 JavaSE 来简化企业解决方案的开发、部署以及管理相关的复杂问题的体系架构。JavaEE 的核心基础就是 JavaSE,它遵循 JavaSE“一次编写到处运行”,以及能够在 Internet 应用中保护数据的安全性等多种优点。同时它的体系架构提供中间层集成框架来满足无须太多费用而需要高可用性、高可靠性、高集成性的需求,而且通过提供规范与标准增加了应用程序的安全性和移植性。

## 9.2 JavaEE 的功能

### 9.2.1 JavaEE 能做什么

JavaEE 到底能做什么呢? 也许很多人都不甚了解,大多数初学者都仅仅认为 JavaEE 只是用来做网站构建 B/S 层架构的应用程序,但是你应该想想为什么做网站非得选择 JavaEE,为什么不选择轻量级易上手的 PHP 呢? 其实网站只是 Web 应用程序的一个小范畴里,利用 JavaEE 也可以创建基于 C/S 架构的应用程序,例如利用 JavaMail 构建一个类似于 OutLook 的邮件收发程序。选择 JavaEE 主要因为它是一种标准和规范,在构建多层架构的、基于 Web 的企业级的安全应用程序上比其他轻量级动态网页技术更有优势(详见 9.2.2 节)。

### 9.2.2　为何选择 JavaEE

在网上经常问为什么做企业级应用大多选择 JavaEE 而不要 PHP、ASP、ROR 或是异军突起的 ASP. NET？其实如果排除这两因素，上述的各种也是不错的选择，但是选择 JavaEE 更有优势。

从来源上看，它开源，很多组织对其提供支持，开发出很多第三方插件和开发包，对其的发展提供巨大的帮助，这是其他动态技术所不能比拟的。

从扩展性上，很多组织或是公司开发出了多种框架，大大减少了使用 JavaEE 开发程序的难度。

从体系架构上，JavaEE 使用多层的分布式应用模型，各个层的组件根据它们所在的层次运行在不同的计算机上，这样能够支持复杂安全的应用程序的开发，同时增加了组件的可重复性。

从运行平台上，JavaEE 以 JavaSE 为基础，所以运行与平台无关。这种与操作系统平台的无关性无疑是 JavaEE 相对于其他动态网页技术最大的一个优势（PHP 也跨平台）。

从安全性上，随着电子商务的发展和应用的逐步壮大，网上交易和网上支付的安全性尤其重要，JSP 执行时先编译成字节码，再由虚拟机执行，对源码起一个保护作用，同时可以对外隐藏一些重要的程序。

## 9.3　JavaEE 的 13 种核心技术

JavaEE 平台由一整套服务、应用程序接口和协议构成，它对于开发基于 Web 的多层应用提供了功能支持，JavaEE 共提供了 13 种技术规范，下面进行简单的介绍。

**1. JDBC（Java Database Connectivity）**

JDBC API 是一套面向对象的应用程序接口，为访问不同的数据库提供了统一的途径，对数据库的访问也具有平台无关性。有四种连接方式：①JDBC-ODBC 桥；②本地 API（JDBC-Native Driver Bridge）；③网络驱动程序（JDBC-Network Bridge）；④纯 Java 协议驱动程序（Pure Java Driver）。

**2. JNDI（Java Name and Directory Interface）**

JNDI API 被用于执行名字和目录服务。它提供了一致的模型来存取和操作企业级的资源，如 DNS 和 LDAP、本地文件系统，或是应用服务器的对象。

**3. EJB（Enterprise JavaBean）**

EJB 提供了一个框架来开发和实施分布式商务逻辑，由此很显著地简化了具有伸缩性和高度复杂的企业级应用的开发。EJB 规范定义了 EJB 组件何时如何与它们的容器进行交互作用。

### 4. RMI(Remote Method Invoke)

RMI 协议调用远程对象上的方法。它使用了序列化方式在客户端和服务器端传递数据,是一种被 EJB 使用的更底层的协议。

### 5. Java IDL/CORBA

在 Java IDL 的支持下,开发人员可以将 Java 和 CORBA 集成在一起。它们可以创建 Java 对象并使之可在 CORBA ORB 中展开,或者它们还可以创建 Java 类并作为和其他 ORB 一起展开的 CORBA 对象的客户。后一种方法提供了另外一种途径,通过它 Java 可以被用于新的应用和旧的系统相集成。

### 6. XML(Extensible Markup Language)

XML 即可扩展标记语言,它与 HTML 一样都是标准通用标记语言。XML 使用一系列简单的标记描述数据,方便学习掌握。同时它也是跨平台的,与 Java 组合,便可得到一个独立于平台的解决方案。

### 7. JMS(Java Message Service)

JMS 是用于和面向消息的中间件相互通信的应用程序接口(API)。它既支持点对点的域,还支持发布/订阅(Publish/Subscribe)类型的域,并且提供对下列类型的支持:经认可的消息传递,事务型消息的传递,一致性消息和具有持久性的订阅者支持。

### 8. JTA(Java Transaction Architecture)

JTA 定义了一种标准的 API,应用系统由此可以访问各种事务监控。

### 9. JTS(Java Transaction Service)

JTS 实现了组件事务监视器并充当 Java 事务的 API,是一种用来定义高级事务 API 和组件事务监视器之间的接口。

### 10. JavaMail

JavaMail 是 Sun 发布的用来处理 E-mail 的 API,支持各种电子邮件协议,如 POP3、SMTP、IMAP 等。

### 11. JAF(JavaBeans Activation Framework)

JavaMail API 利用 JAF 来支持任意数据块的输入及相应处理。JavaMail API 可以利用 JAF 从某种数据源中读取数据和获知数据的 MIME 类型,并用这些数据生成 MIME 消息中的消息体和消息类型 JSP(Java Server Pages)。

### 12. JSP(Java Service Pages)

JSP 是一种动态网页技术标准,它是在传统的 HTML 代码嵌入 Java 代码,然后在服务器编译运行,最后生成 HTML 输出到客户端(详见 9.4 节)。

**13. Java Servlet**

Servlet 是一种用 Java 编写的服务器端程序,当用户请求时有容器进行管理并响应请求最后生成 HTML(详见 9.6 节)。

# 9.4 JSP 学习

## 9.4.1 JSP 入门

JSP 是运行在服务器端的脚本语言,在本小节主要学习 JSP 的使用。从本质上来说,各种动态页面技术都是在 HTML 语言里添加其他动态脚本,然后在各种服务器上运行脚本,最后生成 HTML 页面。

为了让读者直观认识 JSP,先看一个简单的 JSP 页面代码,页面名为 index.jsp。代码段 9-1。

```
<%@page language="java" pageEncoding="GBK"%>
<html>
<head>
<title>第一个 JSP 程序学习</title>
</head>
<body>
<%out.print("你好,欢迎阅读本书");%>
</body>
</html>
```

上述代码形式跟普通的 HTML 页面代码相似,不同的就是在"＜％"和"％＞"之间加入 Java 代码。将页面部署到 Tomcat,将该 Web 应用程序命名为 sdfi(后面一致),启动 Tomcat 服务器,在浏览器输入"http://localhost:8080/sdfi/index.jsp",运行结果如图 9-1 所示。

接着可以右击查看源码,如图 9-2 所示。

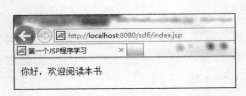

图 9-1 JSP 显示效果图

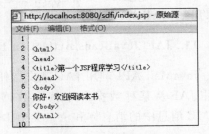

图 9-2 源代码

这时你会发现其实动态脚本运行输入的就是 HTML 代码。

从本质来说,JSP 是结合 Java 和 HTML 来处理页面的动态技术。每个页面第一次被请求时,通过 JSP 引擎被编译成 Servlet 程序,然后被执行(有兴趣的可以到 Tomcat 的相应工程下查看)。当然如果文件有语法错误,转换过程将被中断,并通过服务器向客户端显示错误信息。

### 9.4.2 JSP 页面组成

我们可以明显看到 JSP 页面,尽管代码风格与 HTML 相似,但是内容却有着显著的不同。一个 JSP 页面通常包含 HTML 标记语言、JSP 页面元素、Java 代码(脚本段 Scriptlets),下面将逐一进行介绍。

**1. HTML 标记语言**

HTML 具体介绍见 1.3 节和第 4 章。HTML 在 JSP 中作为静态的内容,浏览器将会识别这些内容。在 JSP 开发中,这些标记语言主要负责页面的布局、设计和美观,也可以说是 JSP 页面的框架。

**2. JSP 页面元素**

JSP 页面元素可以根据工作方式分为两大类:指令元素和动作元素。

(1) 指令元素

指令元素在客户端是不可见的,用 Web 服务器解释并执行。通过这些元素可以使服务器按照指令的设置来执行动作。一个指令中可以设置多个属性,这些属性将影响这个页面的执行效果。格式如下:

```
<%@指令名 属性="值"%>
```

JSP 指令元素主要包含 page 指令、include 指令以及 taglib 指令,下面进行简单介绍。

① page 指令(页面指令)用于定义 JSP 文件的有效属性,可以在页面的任何位置进行定义,习惯上放在文件的开头。它包含多种属性,通过设置这些属性可以影响当前的 JSP 页面,常用的有 language、import、pageEncoding(有兴趣的读者可以去查资料)。 language 主要设置当前编写 JSP 脚本的语言,在这当然为 Java 了。import 的作用和 Java 中的 import 语句一样,可以多次使用。pageEncoding 用来设置页面的字符编码默认为 ISO—8859-1(这不支持中文,可根据需要设置为 GB 2312 或是 GBK)。具体可看下面的例子,用来显示当前时间,这时必须引入类 Date。

代码段 9-2。

```
<%@page language="java" import="java.util.Date"
    pageEncoding="GBK"%>
<html>
<head>
```

```
<title>JSP指令元素简单使用</title>
</head>
<body>
<%out.print("当前时间为:"+new Date()); %>
</body>
</html>
```

运行结果如图 9-3 所示。

② include 指令（包含指令）用于在 JSP 界面嵌入其他文件，如果嵌入的文件包含可以执行的代码则显示执行结果。语法如下：

```
<%@include file="文件名"%>
```

file 是唯一的属性，表示文件的路径，可以是相对路径也可以是绝对路径，不能包含

图 9-3　page 指令运行结果

参数，如＜％＠ include file＝"home. jsp？ id＝1"％＞，这绝对错误。这个指令用来干什么呢？使用这个可以在复杂的页面中减少代码的冗余。例如（top. jsp、right. jsp、left. jsp 以及 bottom. jsp 可参考前面的例子）。

代码段 9-3。

```
<%@page language="java" pageEncoding="gb2312"%>
<html>
<title>include 指令的使用</title>
<body>
    <center>
    <table border="1" width="360" height="230">
        <tr>
            <td colspan="2"><%@include file="top.jsp" %></td>
        </tr>
        <tr>
            <td width="180"><%@include file="left.jsp" %></td>
            <td width="180"><%@include file="right.jsp" %></td>
        </tr>
        <tr>
            <td colspan="2"><%@include file="bottom.jsp" %></td>
        </tr>
    </table>
    </center>
</body>
</html>
```

运行结果如图 9-4 所示。

（2）动作元素

动作元素是在请求阶段按照在页面的顺序被执行的，这时它们才能实现自己的功

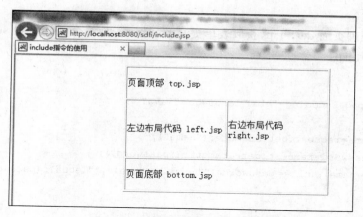

**图 9-4 include 指令运行结果图**

能。初学者常用的是＜jsp：forward＞、＜jsp：useBean＞、＜jsp：setProperty＞、＜jsp：getProperty＞以及＜jsp：param＞，下面分别进行简单介绍。

① ＜jsp：forword＞：请求转发

该元素用来将客户端的请求从一个页面转发到另一个页面。当该元素被执行后，不再执行当前页面之后的代码，而是转而去执行指定的目标文件。格式如下：

```
<jsp:forward page="文件路径">
<jsp:param name="参数名" value=""值/>
</jsp:forward>
```

**说明**：子元素可以根据需要选择零个或多个。它实现的是请求转发，原来包含在 request 对象的信息将继续保存并带到目标页面中。下面通过一个模拟用户登录例子来说明如何使用。

a. 创建登录页面 login.jsp。

代码段 9-4。

```
<%@page language="java" pageEncoding="GB2312"%>
<html>
<body>
    <center>
        <form action="deal.jsp" method="post"><br>
            账号:<input type="text" name="name"/><br>
            密码:<input type="text" name="password"/><br>
                <input type="submit">
        </form>
    </center>
</body>
</html>
```

在上述代码中把表单提交到 deal.jsp 进行登录判断，然后根据判断结果通过＜jsp：

forward＞转发。

b. 创建处理页面 deal.jsp，获取表单提交的数据，若是符合则转发到 success.jsp，否则转发到 error.jsp。

代码段 9-5。

```
<%@page pageEncoding="gbk" language="java" %>
<%
String name=request.getParameter("name");
String password=request.getParameter("password");
if(null==name||null==password||"".equals(name)||"".equals(password))
{
%>
<jsp:forward page="error.jsp"></jsp:forward>
<%
}
else
{
%>
    <jsp:forward page="success.jsp">
    <jsp:param name="name" value="<%=name%>"/>
    <jsp:param name="password" value="<%=password%>"/>
</jsp:forward>
<%
}
%>
```

**说明**：以上代码若看不懂，可先看完下一小节的内容再回头看。

c. 创建页面 error.jsp，关键代码如下：

```
<font color="red">用户名和密码不能为空</font>
```

d. 创建 success.jsp，关键代码如下：

代码段 9-6。

```
<%@page language="java" pageEncoding="gbk" %>
<center>
<%
out.println("用户名:"+new
String(request.getParameter("name").getBytes(ISO 8859-1),"GBK")+"<br>");
Out.println("密码为:"+new String(request.getParameter("password".getBytes(ISO
8859-1,"GBK"));
%>
</center>
```

e. 程序执行过程如下（执行效果图见图 9-5，用户可自行上机验证）：

② ＜jsp：useBean＞、＜jsp：setProperty＞和＜jsp：getProperty＞

＜jsp：useBean＞可以在页面创建一个 JavaBean 实例,并可以通过设置属性存储到 JSP 指定的范围,通常结合＜jsp：serProperty＞、＜jsp：getProperty＞一块使用,详情可见 9.5 节。

### 3. Java 代码

Java 代码在客户端是看不到的,正如 9.4.1 节所介绍的,需要被编译成 servlet,然后被执行,最后发送到客户端显示。Java 代码在 JSP 页面可以简单分成声明语句(declaration)、脚本段(srciptlets)以及表达式,下面一一进行介绍。

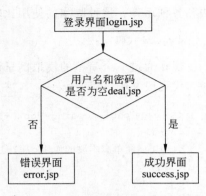

图 9-5 ＜jsp：forward＞元素判断用户登录执行过程

(1) 声明语句

声明语句用来在 JSP 页面中定义方法和变量,格式如下:

```
< %！声明变量和方法 %>
```

通过这种方式声明的变量的生命周期从被实例化成 servlet 到服务器关闭后结束。下面通过简单的网站计数器来说明,代码如下:

代码段 9-7。

```
<%@page pageEncoding="GBK"%>
<html>
<body>
<%!int counter=0;
void counterFunction()
  {
  counter++;
  }
%>

<%this.counterFunction();%>
  网站计数器<br>
  您是第<%=counter%>位访问者
</body>
</html>
```

**说明**:只要源文件没被修改,就不会重新生成 servlet 实例,一直在内存中占用空间,直到服务器关闭,也可以说是多个用户共享这个变量。

(2) 脚本段(scriptlets)

脚本段就是 JSP 代码段嵌在“＜％ ％＞”标记中的。在标记内可以定义变量,调用方法和各种运算。这种脚本的使用比较灵活，比 Java 表达式还要灵活。调用格式如下：

```
<%java 代码 %>
```

现在通过一个简单的模拟例子说明。

代码段 9-8。

```
<%@page pageEncoding="gbk"%>
<html>
<title>简单脚本段的使用</title>
<body>
<%
boolean isLogin=true;//可以改成 false 看看效果
if(isLogin)
{
%>
尊敬的读者,欢迎使用本书
<%
}
else
{
%>
不好意思!! 请先登录
<%
}
%>
</body>
</html>
```

**说明**：用户可以自己上机验证。此时变量的 isLogin 的生命周期只在页面范围，跟声明语句定义的变量完全不一样。有兴趣可以去 Tomcat 查看源文件。

（3）JSP 表达式

JSP 表达式主要用来把 Java 数据向页面直接输出，使用格式如下：

```
<%=java 变量或是函数返回值%>
```

JSP 表达式实际上在服务器端是被转换成 out.print()方法输出的，所以表达式与脚本段里的 out.print()方法实现的作用是相同的，如果输出的是一个对象，则是调用对象的 toString()。当然前提是该对象的类已实现了 toString()方法。下面通过一个显示系统当前时间来说明用法，具体代码如代码段 9-9 所示。

代码段 9-9。

```
<%@page language="java" pageEncoding="GB 18030"%>
<html>
<title>java 表达式应用</title>
<body>
```

```
<%=new java.util.Date() %>
</body>
</html>
```

运行结果如图 9-6 所示。

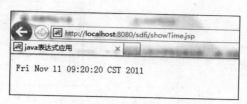

**图 9-6　Java 表达式的使用**

### 9.4.3　JSP 内置对象

内置对象是指在 JSP 中内置的、无须定义就可以在页面中直接使用。它们由容器实现实例化和管理，所以在所有的 JSP 页面中能够使用。主要内置对象有 request、response、pageContext、session、application、out、config、page 以及 exception。下面将介绍这 9 个对象。

#### 1. out 对象

JSP 页面的主要目的是最后编译成 servlet，然后运行向客户端输出 HTML 代码。主要是利用 println() 与 print() 方法将结果输出到页面。同时它还提供一些方法来管理缓冲区（见表 9-1）。

**表 9-1　out 对象的常用方法**

| 方　法　名 | 用　法　描　述 |
| --- | --- |
| void clearBuffer() | 清除缓冲区的内容 |
| void close() | 关闭输出流，清除所有的内容 |
| void flush() | 将缓冲区的内容强制输出 |
| int getBufferSize() | 返回缓冲区大小 |
| int getRemaining() | 返回剩下的缓冲区大小 |
| void println() | 将内容输出到输出流，末尾加上换行符 |
| void print() | 将内容输出到输出流 |

下面通过一个小例子，演示用法。

代码段 9-10。

```
<%@page language="java" pageEncoding="GBK"%>
<html>
<title>out 对象的使用</title>
<body>
<%
```

```
int size=out.getBufferSize();              //获取大小
int restSize=out.getRemaining();           //获取剩余
out.println("当前缓冲区大小:"+size+"字节<br>");
out.println("缓冲区剩余大小"+restSize+"字节");
%>
</body>
</html>
```

运行结果如图 9-7 所示。

图 9-7　out 对象的使用

### 2. request 对象

request 对象是比较常用的对象之一,它实现了 HttpServletRequest 接口,包含了来自客户端的请求信息,如请求的来源、标头以及请求的相关参数等。最常用的是通过 getParameter() 获取提交的表单数据。获取请求参数的使用格式如下:

```
String name=request.getParameter("name")
```

参数 name 与 form 表单中的 name 属性相对应,或是与提交链接的参数名相对应,若是不存在则返回 null。具体用法可查看 JSP 页面组成 9.4.2 节中<jsp:forward>的使用。由于该类的方法较多,篇幅有限,下面就用一个小例子来说明其他方法的使用,详细代码如代码段 9-11 所示。

代码段 9-11。

```
<%@page language="java" pageEncoding="gbk"%>
<html>
<title>request 对象的使用</title>
<body>
<%
out.println("通信协议"+request.getProtocol()+"<br>");
out.println("服务器名:"+request.getServerName()+"<br>");
out.println("通信端口号:"+request.getServerPort()+"<br>");
out.println("主机名:"+request.getHeader("host")+"<br>");
out.println("请求路径 URL:"+request.getRequestURL()+"<br>");
out.println("请求路径 URI:"+request.getRequestURI()+"<br>");
out.println("客户端地址:"+request.getRemoteAddr()+"<br>");
out.println("客户机名:"+request.getRemoteHost()+"<br>")out.println("客户端
口:"+request.getRemotePort()+"<br>");
%>
</body>
</html>
```

运行结果如图 9-8 所示。

### 3. response 对象

response 对象与 request 对象性质相反,它所包含的是服务器端对客户端做出的应

**图 9-8　request 对象的使用**

答信息,它实现了 HttpServletResponse 结果。常用来重定向页面,与转发不一样,所有的请求信息将不被带到目标页面。重定向的方法有:sendError(int number)、sendRedirect(String location)、sendError(int number,String msg)。下面用例子来说明其用法:

代码段 9-12。

```
<%@page language="java" pageEncoding="gbk"%>
<html>
<title>response 对象使用</title>
<body>
    <%
    //response.sendError(404);
    //response.sendError(404,"该页面不存在,请确定请求路径");
    //确保 login.jsp 跟该页面在同一目录下,不能会报 404 错误
    response.sendRedirect("login.jsp");
    %>
</body>
</html>
```

**说明**:number 为错误的代码,msg 为报错的提示信息,每次运行时请注释掉另外的两个函数。请用户自行上机运行(可将 404 改为 505,500 等错误代码),同时请注意浏览器的路径。

**4. session 对象**

HTTP 协议是无状态的通信协议,Web 为了区分不同的用户和跟踪用户的操作状态,在 Servlet API 中使用 Session 机制来实现。每个用户在第一次向服务器发送请求时,会得到唯一的一个 SessionID,同时在服务器端会有一个与之对应的 session 对象(每个用户是不一样的)。它的生命周期开始于客户端的第一次访问,结束于 session 过期、客户端关闭或是服务器调用 invalidate()方法的任一种方式。它实现的是 HttpServlet 接口,常用的方法如表 9-2 所示。

表 9-2 session 对象的使用

| 方 法 名 | 方 法 描 述 |
|---|---|
| String getId() | 返回 session 的 Id |
| void invalidate() | 使 session 对象失效,清除占用的服务资源 |
| void setAttribute(String p1,Object p2) | 设定 p1 所指属性的值为 p2 |
| Object getAttribute(String p1) | 返回 p1 所指属性的对象 |

下面用例子来简单说明用法:

(1) 新建一个网页 welcome. jsp,然后把用户名保存在 session 里面。当你单击"我的地盘"进入欢迎界面 myspace. jsp,"注销用户"invalidate. jsp 则使 session 过期。

代码段 9-13。

```
<%@page language="java" pageEncoding="gbk"%>
<html>
<title>session 的简单实用</title>
<body>
    <%
    session.setAttribute("name","sdfi");
    %>
    <a href="myspace.jsp">我的地盘</a>
    <br>
    <a href="invalidate.jsp">注销用户</a>
</body>
</html>
```

**说明**:往 session 对象存放了名为 name 的属性对应的值为 sdfi。

运行结果如图 9-9 所示。

(2) 创建 myspace. jsp,显示欢迎界面,具体代码如代码段 9-14 所示。

代码段 9-14。

图 9-9 welcome. jsp 运行结果

```
<%@page language="java" pageEncoding="gbk"%>
<html>
<title>session 的简单实用</title>
<body>
<%
if(session.getAttribute("name")! =null)
out.println("欢迎光临:"+session.getAttribute("name"));
else out.println("用户不存在,或是 session 过期");
%>
```

**说明**:当从 welcome. jsp 进入则显示欢迎,若是从 validate. jsp(见下面)跳转则显示过期。

运行结果如图 9-10 所示。

（3）创建 validate.jsp，调用 invalidate()使 session 过期，然后重定向到 myspace.jsp。
具体代码如代码段 9-15 所示。

代码段 9-15。

```
<%@page language="java" pageEncoding="gbk"%>
<html>
<title>session 的简单使用</title>
<body>
<%
    session.invalidate();
    response.sendRedirect("myspace.jsp");
%>
</body>
</html>
```

运行结果如图 9-11 所示。

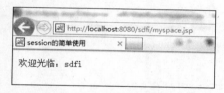

**图 9-10　myspace.jsp 的运行结果**

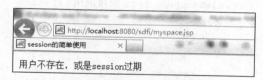

**图 9-11　validate.jsp 的运行结果**

### 5. application 对象

application 对象是应用级别的，同一个用户共享此对象，它实现 ServletContext 接口。它的生命周期始于 Web 服务器的启动，直到应用程序的关闭。现在通过 application 来实现网站计数器，同时也演示一些常用的方法。

代码段 9-16。

```
<%@page language="java" pageEncoding="gbk"%>
<html>
<title>application 实现网站计数</title>
<body>
<%
int counter=0;
if(null! =application.getAttribute("counter"))
{
counter=(Integer)application.getAttribute("counter");
}
counter++;
out.println("该网站使用的服务器软件:"+application.getServerInfo()+"<br>");
out.println("该网站累计访问了"+counter+"次");
```

```
application.setAttribute("counter",counter);
%>
</body>
</html>
```

**说明**：当重启浏览器访问时，继续累计，因为它是应用级别的。

运行结果如图 9-12 所示。

#### 6. pageContext 对象

pageContext 对象是一个比较特殊的对象，它的作用是取得任何范围的参数。同时它还可以获取 out、session、application、request、response 等对象，但是在实际开发中很少使用，因为这些对象已属于内置对象。下面用一个例子来说明 pageContext 的使用。

代码段 9-17。

```
<%@page language="java" pageEncoding="GBK"%>
    <html>
    <head>
<title>pageContext 使用说明</title>
    </head>
        <body>
        <%
        request.setAttribute("name","request--sdfi");
        session.setAttribute("name","session--sdfi");
  application.setAttribute("name","application--sdfi");
out.println(pageContext.getAttribute("name",pageContext.REQUEST_SCOPE)+"<br
>");
out.println(pageContext.getAttribute("name",pageContext.SESSION_SCOPE)+"<br
>");
out.println(pageContext.getAttribute("name",pageContext.APPLICATION_SCOPE));
%>
        </body>
</html>
```

运行结果如图 9-13 所示。

图 9-12 application.jsp 运行结果

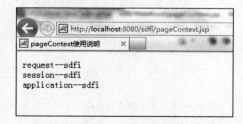

图 9-13 pagecontext.jsp 运行结果

**7. page 对象、config 对象、exception 对象**

这三个对象在实际开发中,很少使用或是有更好的解决方案。下面就简单介绍一下,有兴趣的读者可以自行查阅资料。

(1) page 对象代表 JSP 页面本身,也可以说是代表转换后的 servlet 的,是 this 变量的别名,一般都不使用。

(2) config 对象的主要作用是取得服务器的配置信息。config 对象实现了 serlvetConfig 接口。常用 getInitParameter(String name)方法获取在 web. xml 为 serlvet 或是 JSP 页面提供的初始化参数。

(3) exception 对象用于处理 JSP 页面发生的错误或是异常。它基本定义了所有的异常情况,在实际开发中,能帮我们了解并处理信息,但这不是唯一解决错误和异常的方法,还可以通过日志或是在 Java 代码里捕捉。在页面使用时,必须在引入指令,如: ＜％page isErrorPage＝true％＞之后能用该对象提供的方法捕捉到异常。

# 9.5　JavaBean

## 9.5.1　JavaBean 的特性

JavaBean 是用 Java 编写的一个组件模型,主要用来在业务层实现代码的复用,例如对数据库的操作以及对用户的有效性检查等。虽然 JavaBean 是个 Java 类但是有自己形式跟特性:

(1) 该类必须是 public 的类。

(2) 该类必须有一个不带参数的构造函数。

(3) 该类的属性通过 get×××()和 set×××()进行操作。提供 setter 和 getter 方法的属性首字母要大写,如有属性 name,那么对应的方法是 setName()和 getName()。

## 9.5.2　第一个 JavaBean

上面说了那么多,现在利用一个计算圆面积和周长的例子来说明。

(1) 定义一个名为 Cirlce 的 JavaBean 类,有两个属性半径和单位,完整代码如代码段 9-18 所示。

代码段 9-18。

```
package sdfi;
public class Circle {
public Circle(){}
private String unit="米";
private double radius=0.0;
public String getUnit(){ return this.unit;};
public void setUnit(String unit){this.unit=unit;}
```

```
public double getRadius(){return this.radius;}
Publicvoid setRadius(doubleradius){this.radius=radius;}
//return area
public String getArea(){return radius * 3.14 * radius+"平方"+unit;}
//return girth
public String getGirth(){return 2 * 3.14 * radius+unit;}
}
```

（2）在页面中使用 JavaBean，一般经过 3 个步骤。

① 导入 javaBean 类，例如：

```
<%@page import="sdfi.Circle;"%>
```

② 在指定范围内实例化 JavaBean 对象，如果已经存在则直接引用。例如：

```
<jsp:useBean id="pageCircle" class="sdfi.Circle" scope="page"></jsp:useBean>
<jsp:useBean id="requestCircle" class="sdfi.Circle" scope="request"></jsp:
useBean>
<jsp:useBean id="sessionCircle" class="sdfi.Circle" scope="session"></jsp:
useBean>
<jsp:useBean id="appCircle" class="sdfi.Circle"scope="application"></jsp:
useBean>
```

**说明**：id 为实例化对象的引用名，class 为对象所属的类，scope 为该对象的作用域，它跟 page、request、session、application 的生命周期是一致的。

③ 在实例化这些对象后就可在页面中使用，一般有两种方法，下面分别用例子来演示说明。

例 1：页面名为 javabean.jsp，具体见代码段 9-19。

代码段 9-19。

```
<%@page import="sdfi.Circle;"%>
<%@page pageEncoding="gbk"%>
<jsp:useBean id="pageCircle" class="sdfi.Circle" scope="page"></jsp:useBean
>
<jsp:useBean id="requestCircle" class="sdfi.Circle" scope="request"></jsp:
useBean>
<jsp:useBean id="sessionCircle" class="sdfi.Circle" scope="session"></jsp:
useBean>
<jsp:useBean id="appCircle" class="sdfi.Circle" scope="application"></jsp:
useBean>
<html>
<title>javabean 使用实例</title>
<body>
<%
```

```
pageCircle.setUnit("厘米");pageCircle.setRadius(2);
out.println("调用 page 范围,面积为:"+pageCircle.getArea()+"<br>");
requestCircle.setUnit("分");requestCircle.setRadius(4);
out.println("调用 request 范围,面积为:"+requestCircle.getArea()+"<br>");
sessionCircle.setRadius(6);sessionCircle.setUnit("米");
out.println("调用 session 范围,面积为:"+sessionCircle.getArea()+"<br>");
appCircle.setRadius(8);appCircle.setUnit("里");
out.println("调用 application 范围,面积为:"+appCircle.getArea());
%>
</body>
</html>
```

运行结果如图 9-14 所示。

例 2：在例 1 基础上建一页面 javabean2.jsp，这里使用代码如代码段 9-20 所示。

代码段 9-20。

```
<%@page pageEncoding="gbk"%>
<%@page import="sdfi.Circle"%>
<html>
<title>javaBean 使用</title>
<body>
<jsp:setProperty name="appCircle" value="12" property="radius"/>
<%//这里防止浏览器关闭 session 对象失效,注意属性名跟 javabean 的 ID
if(null!=session.getAttribute("sessionCircle"))
{
Circle sCircle=(Circle)session.getAttribute("sessionCircle");
out.println("session 范围跨页面的面积为:"+sCircle.getArea()+"<br>");
}
Circle aCircle=(Circle)application.getAttribute("appCircle");
out.println("application 范围跨页修改后面积为:"+aCircle.getArea()+"<br>");
%>
</body>
</html>
```

运行结果如图 9-15 所示。

**图 9-14　JavaBean 使用运行结果**

**图 9-15　JavaBean 作用域使用运行结果**

## 9.6　Servlet

Servlet 是使用 Java 语言编写的服务器端程序,它能接受用户的请求并产生响应,与传统的 CGI 程序相比,有着更好的可移植性和安全性。

Servlet 是用 Java 编写的与平台无关的服务器端组件,它在 Serlvet 容器下运行,当客户端访问时,由 Servlet 做出相应的响应,这种处理方式采用了多线程。

在开发中主要涉及 HttpSerlvet 抽象类,并且是通过 HttpServletRequest 对象和 HttpSerlvetResponse 对象的相关方法与客户进行交流。下面进入简单的系统学习。

### 9.6.1　Servlet 的生命周期及请求时序图

Servlet 的活动由部署 Servlet 容器来控制,包括加载、实例化、初始化、处理请求以及销毁。当 Servlet 被加载到容器中,首先调用 init()方法进行初始化,然后调用 service()方法处理用户请求,并把处理结果封装到 HttpServletResponse 中返回给客户。最后当 Servlet 实例从容器中移除时调用 destroy()方法。Servlet 生命周期及响应用户请求如图 9-16 和图 9-17 所示。

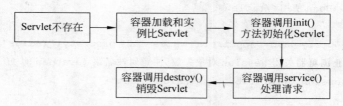

图 9-16　Servlet 的生命周期图

### 9.6.2　Servlet 实例说明

任何实现一个 Serlvet 的类直接或是间接实现 javax. servlet. Servlet 接口,经常是继承实现该接口的 GenericServlet 及其子类 HttpServlet。在开发中偏向于使用 HttpSerlvet,该类可以直接处理 HTTP 请求,而 GenericSerlvet 则需要重写 service()方法,接下来的例子都是以 HttpServlet 为例。

创建一个 Servlet 只要两步:

(1) 创建 Servlet 类,重写 doGet()方法或是 doPost()方法来处理请求。

(2) 在 web. xml 配置映射路径。

例子:创建名为 helloWorldServlet 的 Servlet 类,具体代码如代码段 9-21 所示。

代码段 9-21。

```
package sdfi;
import java.io.IOException;
import java.io.PrintWriter;
```

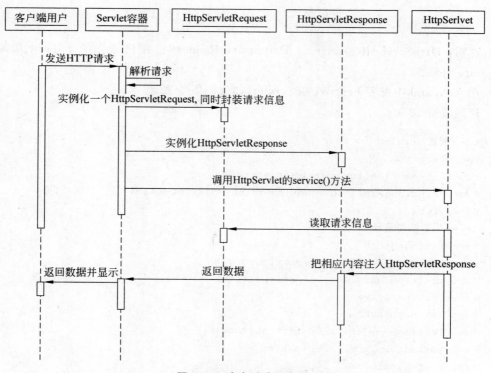

**图 9-17 响应活动顺序图**

```
import javax.servlet.ServletException;
import javax.servlet.http.HttpServlet;
import javax.servlet.http.HttpServlestRequest;
import javax.servlet.http.HttpServletResponse;
public class helloWorldServlet extends HttpServlet {
protected void doGet(HttpServletRequest req, HttpServletResponse resp)
      throws ServletException, IOException {
   this.doPost(req, resp);
}
protected void doPost(HttpServletRequest req, HttpServletResponse resp)
      throws ServletException, IOException {
   resp.setContentType("text/html");
   resp.setCharacterEncoding("gbk");
   PrintWriter out=resp.getWriter();
   out.println("<html>");
   out.println("<title>Servlet helloworld</title>");
   out.println("<body>");
   out.println("你好！这是第一个 Serlvet 例子");
   out.println("</body></html>");
   out.close();
```

```
    }
  }
```

说明：HttpServletResponse 与 HttpSerlvetRequest 的用法可参考 request 对象与 response 对象。

在 web.xml 中配置 helloWorldServlet，如代码段 9-22 所示。

代码段 9-22。

```
<!--配置 servlet-->
<servlet>
<servlet-name>helloworld</servlet-name>
<servlet-class>sdfi.helloWorldServlet</servlet-class>
</servlet>
<!--配置映射路径-->
<servlet-mapping>
<servlet-name>helloworld</servlet-name>
<url-pattern>/servlet.jsp</url-pattern>
</servlet-mapping>
<servlet-mapping>
<servlet-name>helloworld</servlet-name>
<url-pattern>*.html</url-pattern>
</servlet-mapping>
<servlet-mapping>
<servlet-name>helloworld</servlet-name>
<url-pattern>/servlet/*</url-pattern>
</servlet-mapping>
```

代码说明：＜serlvet＞的子元素＜serlvet-name＞定义了 Servlet 的名称（可自由命名），子元素＜serlvet-class＞定义了 Servlet 的实现类。＜servlet-mapping＞的子元素＜servlet-name＞与＜servlet＞的子元素是一致的，＜url-pattern＞则指定了 Servlet 的映射路径。当用户请求的路径与＜url-pattern＞指定的路径相匹配时容器就调用该 Serlvet。

匹配方式可有两种：

（1）扩展名匹配，如上面的 ＊.html。只要访问的页面扩展名为.html 则调用 Servlet。

（2）路径匹配，如上面的/servlet.jsp，当访问页面名为/servlet.jsp 则调用 Servlet；或是如上面的/servlet/＊（servlet 为应用程序跟目录下的一个子目录），当用户访问/servlet/路径匹配下任何网页时调用 Serlvet。

注意：两种匹配规则不能同时使用，如/servlet/＊.html 则启动服务器时会报异常。

运行结果如图 9-18～图 9-20 所示，请注意地址栏的路径。

说明：希望读者能够好好运行上面例子，仔细体会一下映射路径的匹配。

图 9-18　<url-pattern>/servlet. jsp
</url-pattern>运行结果

图 9-19　<url-pattern> * . html</url-
pattern>运行结果

图 9-20　<url-pattern>/servlet/ * </url-pattern>运行结果

## 习　题

1. 一个 JSP 页面通常包含(　　　)、JSP 页面元素、(　　　)。

2. JSP 页面元素可以根据工作方式分为两大类：(　　　)和(　　　)。

3. JSP 含有 9 个内置对象,包括(　　　)、response、pageContext、(　　　)、application、out、config、page 以及 exception。

4. 简述 JavaBean 具有的形式及特性。

5. 简述 Servlet 的生命周期过程。

6. 运用本章所学 JSP 技术的知识,实现论坛注册登录的功能。

7. 运用本章所学 JSP 技术的知识,实现一个图书管理系统。

# 第 10 章

# PHP

## 10.1 PHP 开发环境的安装与配置

使用 PHP 语言进行开发之前,首先要安装和配置好 PHP 环境。本节将介绍 Windows 系统下的 PHP 环境搭建及常用的开发工具。

### 10.1.1 Windows 平台下 PHP 开发环境的安装与配置

#### 1. Windows 平台下 Apache 的安装配置

Apache 是流行的 Web 服务器端软件,Apache 官方网站 http://www.apache.org 提供 Apache 安装程序的免费下载。

Windows 平台下 Apache 的安装过程很简单,所有步骤均采用默认设置即可。

根据安装向导完成 Apache 安装后,在"开始"→"程序"菜单中能够看到 Apache 服务器相关操作列表,同时如果在系统托盘中出现 图标,表示 Apache 服务已经启动。单击该图标可以很方便地对 Apache 服务器进行启动、停止、重启动操作,如图 10-1 所示。

接下来需要对 Apache 服务器进行配置。配置 Apache 服务器是在 Apache 安装目录下的 conf 子目录中的 httpd.conf 文件中进行的。

一般情况下需要对网站根目录进行配置,在 httpd.conf 文件中查找关键字 DocumentRoot,将其中的路径修改为网站存放的路径,如图 10-2 所示。

图 10-1　Apache 图标左键菜单

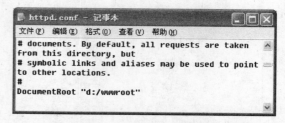

图 10-2　在 httpd.conf 中设置网站根目录

查找关键字 DirectoryIndex,这里是默认首页文件名,可以在 index.html 的后面加入 index.php 等,每种类型之间都要留一个空格。

注意每次修改 httpd. conf 文件后,都要重启 Apache 服务器才能够生效。

**2. Windows 平台下 PHP 的安装配置**

PHP 软件也是免费的,可以从官方网站 http://www.php.net 上下载。

PHP 的安装及常规配置步骤如下:

(1) 将 PHP 的压缩包解压到一个目录下,推荐为"C:/PHP"。

(2) 将 PHP 目录下的 php.ini-dist 文件重命名为 php.ini,并复制到 C:\Windows\ 目录里。打开该文件,找到 extension_dir = "./" 改为 extension_dir = "C:/php/ext", 找到;extension=php_gd2.dll,;extension=php_mbstring.dll,;extension=php_mysql. dll 这三行语句,将前面的分号都去掉。

(3) 修改 Apache 的 httpd.conf 文件,在该文件的末尾添加:

```
LoadModule php5_module c:/php/php5apache2.dll
AddType application/x-httpd-php .php
```

以上是 PHP 的常规配置,在官方网站上可以查看到更多详细的配置,不同版本的 PHP 配置也存在一定差别。

## 10.1.2　PHP 的常用开发工具

PHP 文件属于二进制文件,可以采用所有通用的文本编辑器来进行编辑,如常见的记事本、写字板等,不过这些软件都不是专为编写程序代码而设计的,功能有限。目前比较流行的 PHP 开发工具包括 Eclipse、ZendStudio、PhpED、Dreamweaver 等,建议初学者使用 Dreamweaver 来进行开发。

Dreamweaver 是一款所见即所得的网页编辑工具,从 MX 版本开始,DW 开始支持 PHP+MySQL 的可视化开发,它将可视布局工具、应用程序开发功能和代码编辑支持组合在一起,功能强大,使用方便,容易上手,非常适合初学者使用。

# 10.2　PHP 语法基础

## 10.2.1　语法结构

PHP 是一种 HTML 内嵌式的,在服务器端执行的嵌入 HTML 文档的脚本语言,语言的风格类似于 C 语言,下面通过简单实例来了解 PHP 的基本语法结构。

**1. PHP 常用的嵌入 HTML 方法有以下两种:**

(1) ＜? php? ＞

(2) ＜script language="php"＞　　　＜/script＞

也可通过激活 PHP 配置文件 php.ini 中的 short_open_tag 和 asp_tags 选项,分别使用以下两种嵌入方法:

（1）＜？　　？＞

（2）＜％　　％＞

可以将 PHP 的脚本块放置在文档中的任何位置。

### 2. 语句分隔符

PHP 语句分隔方式与 C 类似，每个语句由分号隔开。结束标记（？＞）同样隐含语句的结束，以下语句均是合法的：

```
<? php echo "Hello World!"; ? >
<? php echo "Hello World!" ? >
```

### 3. 程序注释

程序注释是书写规范程序很重要的环节，用于对代码的解释和说明，本身并不执行。PHP 注释主要包括单行注释符"//"和多行注释符"/ ＊ …… ＊ /"。

### 4. 文件引用

PHP 支持文件的引用。可以将在多个页面重复使用的函数、页眉、页脚或元素等放在文件之中，然后通过文件引用就可以直接使用这些重复性代码，大大提高了编写和维护代码的效率。

引用文件的方法有两种：require()和 include()。

（1）require()语句

语法：

```
require("statement");
```

这种用法通常放在 PHP 程序的最前面，statement 是要引用的程序文件名，PHP 程序在执行前就会先读入 require 所指定引入的文件，使它变成 PHP 程序网页的一部分，如＜？ php require("config. php");？ ＞。

（2）include()语句

语法：

```
include("statement");
```

这种用法一般是放在流程控制的处理过程中。PHP 程序执行到 include 语句时，才将引用的文件读进来。通常可以使用 include 语句将模板和标准元素载入到页面中，使 Web 具有一致的外观，如＜？ php include("top. php") ；？ ＞。

## 10.2.2　数据类型

PHP 常用的数据类型主要有以下几种。

### 1. 标准类型

（1）布尔型（boolean）

布尔型是最简单的数据类型,只有两个值:真(True)和假(Flase),通常应用在条件或循环语句的表达式中。

（2）整型

整型数据类型只能包含整数。在 32 位系统中,它的有效范围是－2 147 483 648～＋2 147 483 647。要使用八进制数,数字前面必须加 0,十六进制数前面必须加 0x。

（3）浮点型

浮点型可以用来存储数字,也可以保存小数。在 32 位系统中,它的有效范围是 1.7E－308 到 1.7E＋308。

（4）字符串

字符串是连续的字符序列,由数字、字母和各种符号组成,可以用单引号(')、双引号(")和定界符(<<<)来定义。单引号和双引号是经常被使用的定义方式,例如:

```
$string='Hello world!·';
$string="Hello world!";
```

特殊字符需要用反斜线(\)转义,例如:$string="\"Hello world\""；。

**2. 复合类型**

（1）数组

数组是一组数据的集合,可以是二维、三维或多维的,其中的元素也很自由,可以是多种数据类型。定义数据的语法格式有多种:

```
$array=("value1","value2",…);
$array[key]="value";
$array(key1=>value1,key2=>value2,…)
```

数组下标可以是数字,也可以是字符串,默认从 0 开始。

（2）对象

PHP 对面向对象(OOP)提供了良好的支持,允许用户将属性和方法封装成对象进行操作。

## 10.2.3　常量

PHP 定义常量的方法是使用 define()函数,一个常量一旦被定义,就不能再改变或者取消定义。其语法格式为:

```
define(constant_name,value,case_sensitive)
```

其中参数 constant_name 为常量名称;参数 value 为常量值,case_sensitive 为可选参数,设为 True 表示大小写不敏感。例如:

```
<?php
    define("constant","hello world!");          //定义常量 constant
    echo constant;                              //输出常量 constant 值
```

```
?>
```

PHP 系统还预定义了一些常量,如 PHP_VERSION、PHP_OS 等。

## 10.2.4  变量

PHP 是一种弱类型的语言,使用变量时不需要事先定义指定变量的类型。

### 1. 变量的声明和使用

PHP 中的变量用美元符号"＄"加变量名来表示。变量名与 PHP 中其他的标签一样遵循相同的规则,由字母或下划线开头,后面可以跟任意数量的字母、数字或下划线,变量名区分大小写。

使用变量时,只需对变量直接赋值即可。格式为:

```
$name=value;
```

例如:

```
<?php
    $a="hello world!";        //声明变量$a
    echo $a;                  //输出变量$a的值
?>
```

同时,PHP 也提供了大量的预定义数组变量。这些数组变量主要包含来自 Web 服务器、运行环境和用户输入的数据等,它们在全局范围内自动生效。如:

＄_GET:包含通过 GET 方法传递的参数信息,主要用于获取通过 GET 方法提交的数据。

＄_POST:包含通过 POST 方法传递的参数信息,主要用于获取通过 POST 方法提交的数据。

### 2. 变量的作用域

变量必须在有效的范围内使用,变量的作用域如表 10-1 所示。

表 10-1　变量的作用域

| 作用域 | 说　　明 |
|---|---|
| 局部变量 | 在函数内部定义的变量,其作用域是所在函数 |
| 全局变量 | 定义在函数以外的变量,其作用域是整个 PHP 文件 |
| 静态变量 | 能够在函数调用结束后仍保留变量值,需要在变量前加 static 来声明 |

## 10.2.5  运算符

运算符是用来对数据进行计算的符号。PHP 中的运算符主要包括以下几类。

### 1. 算术运算符

算术运算符是处理四则运算的符号,PHP 中的算术运算符如表 10-2 所示。

表 10-2　算术运算符

| 名　称 | 运算符 | 实　例 | 名　称 | 运算符 | 实　例 |
|--------|--------|--------|--------|--------|--------|
| 加 | ＋ | $a＋$b | 取余 | ％ | $a％$b |
| 减 | － | $a－$b | 递加 | ＋＋ | $a＋＋或＋＋$a |
| 乘 | ＊ | $a＊$b | 递减 | －－ | $a－－或－－$a |
| 除 | / | $a/$b | | | |

### 2. 字符串运算符

字符串运算符只有一个,即英文句点".  "。它将两个字符串连接起来,变成新的字符串,例如:

```php
<? php
$string1="Hello ";
$string2="world!";
echo $string1.$string2;    //输出 Hello world!
?>
```

### 3. 赋值运算符

赋值运算符是把基本赋值运算符"＝"右边的值赋给左边的变量。PHP 中的赋值运算符如表 10-3 所示。

表 10-3　赋值运算符

| 运算符 | 实　　例 | 说　　明 | 意　　义 |
|--------|----------|----------|----------|
| ＝ | $a＝$b | $a＝$b | 将右边的值赋到左边 |
| ＋＝ | $a＋＝$b | $a＝$a＋$b | 将右边的值加到左边 |
| －＝ | $a－＝$b | $a＝$a－$b | 将右边的值减到左边 |
| ＊＝ | $a＊＝$b | $a＝$a＊$b | 将左边的值乘以右边 |
| /＝ | $a/＝$b | $a＝$a/$b | 将左边的值除以右边 |
| ％＝ | $a％＝$b | $a＝$a％$b | 将左边的值对右边取余数 |
| .＝ | $a.＝$b | $a＝$a.$b | 将右边的字符串加到左边 |

### 4. 位运算符

位运算符是指对二进制位从低位到高位对齐后进行运算。PHP 中的位运算符如表 10-4 所示。

表 10-4　位运算符

| 名　称 | 运算符 | 实　例 | 名　称 | 运算符 | 实　例 |
|--------|--------|--------|--------|--------|--------|
| 按位与 | ＆ | $a＆$b | 按位或 | \| | $a\|$b |
| 按位异或 | ^ | $a^$b | 按位取反 | ～ | $a～$b |
| 向左移位 | ＜＜ | $a＜＜$b | 向右移位 | ＞＞ | $a＞＞$b |

### 5. 逻辑运算符

逻辑运算符是用来组合逻辑运算的结果,PHP 中的逻辑运算符如表 10-5 所示。

表 10-5 逻辑运算符

| 名　称 | 运算符 | 实　例 | 结果为 True,否则为 False |
|---|---|---|---|
| 逻辑与 | && 或 and | $a && $b | $a 与 $b 均为真时 |
| 逻辑或 | \|\|或 or | $a\|\|$b | $a 为真或者 $b 为真时 |
| 逻辑异或 | xor | $a xor $b | $a 与 $b 一真一假时 |
| 逻辑非 | ! | !$a | $a 为假时 |

### 6. 比较运算符

比较运算符是对变量或表达式的结果进行比较,如果比较结果为真返回 True,如果为假返回 False。PHP 中常用的比较运算符如表 10-6 所示。

表 10-6 常用比较运算符

| 名　称 | 运算符 | 实　例 | 名　称 | 运算符 | 实　例 |
|---|---|---|---|---|---|
| 小于 | < | $a<$b | 大于 | > | $a>$b |
| 小于等于 | <= | $a<=$b | 大于等于 | >= | $a>=$b |
| 相等 | == | $a==$b | 不等 | != | $a!=$b |

### 7. 其他运算符

PHP 的运算符还包括三元运算符(?:)、错误屏蔽运算符(@)、对象的方法或属性(->)等。

# 10.3  PHP 流程控制语句

大多数复杂的程序设计都离不开流程控制语句,这些语句决定了程序的走向,PHP 的流程控制和 C 语言类似。

## 10.3.1  条件控制语句

条件控制语句是对语句中的条件进行判断,进而选择执行不同的语句。

### 1. if 语句

if 语句是最常用的一种条件语句,主要有 3 种形式:
(1) 简单 if 语句

```
if (条件表达式){
```

```
语句;
}
```

如果条件表达式为真,则执行其中的语句。

（2）if…else 语句

```
if (条件表达式){
语句 1;
}else{
语句 2;
}
```

如果条件表达式为真,则执行语句 1,否则执行语句 2。

（3）elseif 语句

```
if (条件表达式 1){
语句 1;
}elseif(条件表达式 2){
语句 2;
}else{
语句 3;
}
```

如果条件表达式 1 为真,则执行语句 1,否则判断条件表达式 2；如果为真执行语句 2,否则执行语句 3。以此类推,可以使用 elseif 实现多重条件判断。

下面以一个实例来说明 if 语句的用法。代码如下:

```
<? php
$num=86;                   //可以更改$num值查看变化
if($num%2==0)
    echo "偶数";          //只有一条执行语句时可省略{}符号
else
    echo "奇数";
? >
```

### 2. switch 语句

多重判断除了可以使用 if 语句嵌套实现,另外一种更简洁明了的方法就是 switch 语句。switch 语句常见形式如下:

```
switch(表达式){
case 值 1:
    语句 1;
    break;
case 值 2
    语句 2;
```

```
        break;
    ⋮
    default:
    语句 n;
    break;
    }
```

当表达式值等于值 1 时,执行语句 1;当表达式值等于值 2 时,执行语句 2;以此类推。如果以上条件都不满足,则执行 default 子句中指定的语句 n。

下面通过一个实例来说明 switch 语句的用法。

代码段 10-1。

```php
<?php
$today=date("w");    //date 为获取时间日期的函数,date('w')为获取星期几,返回数字
switch($today){
    case 1:
        echo "星期一";
        break;
    case 2:
        echo "星期二";
        break;
    case 3:
        echo "星期三";
        break;
    case 4:
        echo "星期四";
        break;
    case 5:
        echo "星期五";
        break;
    default:
        echo "周末";
}
?>
```

### 10.3.2　循环控制语句

循环控制语句是在满足条件的情况下反复地执行一段代码。

**1. while 语句**

while 语句的基本语法结构如下:

```
while(条件表达式){
语句;
```

```
    }
```

While 语句的执行流程是先判断条件表达式的值是否为真,如果为真则执行其中的语句,执行结束后再返回条件表达式判断,直到条件表达式的值为假时跳出循环。

下面通过一个实例来说明 while 循环的用法。

代码段 10-2。

```
<? php
$i=1;
while($i<=10){
    echo "第".$i."次循环<br>";
    $i++;
}
? >
```

### 2. do···while 语句

do···while 语句的基本语法结构如下:

```
do{
语句;
}while(条件表达式);
```

do···while 语句与 while 语句很相似,区别就在于它是先执行一次循环,然后再判断条件表达式是否为真,如果为真则继续执行循环,否则跳出循环。

下面通过一个实例来说明 do···while 循环的用法。

代码段 10-3。

```
<? php
$i=1;
do{
    echo "第".$i."次循环<br>";
    $i++;
}while($i<=10)
? >
```

### 3. for 语句

PHP 中的 for 语句与 C 中的 for 语句相似,基本语法结构如下:

```
for(表达式 1;表达式 2;表达式 3){
语句;
}
```

表达式 1 通常为赋值语句,在循环开始前首先执行一次,然后判断表达式 2 是否为真,如果为真则执行其中的语句,然后执行表达式 3,再返回表达式 2 继续判断是否执行循环,如果表达式 2 值为假则跳出循环。

下面通过一个实例来说明 for 循环的用法。

代码段 10-4。

```php
<?php
for($i=1;$i<=10;$i++){
echo "第".$i."次循环<br>";
}
?>
```

### 10.3.3 跳转语句

#### 1. break 语句

break 语句用于跳出目前执行的 for、while 等循环语句和 switch 语句。

#### 2. continue 语句

continue 语句用于即刻停止目前执行的循环语句,并回到循环语句的条件判断处。

## 10.4 PHP 与 HTML 表单

表单是最常用的网页组件,为人机互动提供了交流平台。如何将 Web 页面中的表单数据提交到服务器进行处理是最基本的 PHP 编程。

### 10.4.1 表单数据的提交方式

将前台表单数据提交到后台程序进行处理的方法有两种,即 POST 方法和 GET 方法。

#### 1. 使用 POST 方法提交表单

使用 POST 方法时,只需将<form>表单中的属性 method 设置成 POST,同时指定<form>的属性 action 为后台处理程序 URL 地址。例如:

代码段 10-5。

```html
<form name="form1" method="post" action="check.php">
    用户名:<input type="text" name="username" id="username">
    密码:<input type="password" name="password" id="password">
    <input type="submit" name="submit" id="submit" value="提交">
</form>
```

#### 2. 使用 GET 方法提交表单

使用 GET 方法时,只需将<form>表单中的属性 method 设置成 GET,同时指定

＜form＞的属性 action 为后台处理程序 URL 地址。例如：

```
<form name="form1" method="get" action="check.php">
```

　　POST 与 GET 方法提交数据的区别就在于 POST 方法是将表单中的信息作为一个数据块发送到服务器端，而 GET 方法是将要提交的数据附加到 URL 上发送的，所以使用 GET 方法时，地址栏中会显示用户所输入的数据作为参数附加在 URL 地址后面，如 http://localhost/web/check.php? username＝name&password＝pwd，而 POST 方法只显示 URL 地址，可以用来传递私密性信息和大容量数据。

### 10.4.2　在 PHP 中获取表单数据

　　获取表单数据实际上就是获取不同的表单元素的值。大多数表单元素的值都可以通过其 name 属性来获取相应的 value 属性值。以 POST 方法提交数据为例，$_POST["username"] 即可获得名为 username 的文本框的输入数据。

　　需要注意的是复选框值的获取。复选框用于多项选择，在命名时需要使用数组的形式以便传值，一般格式为：

```
<input type="checkbox" name="chkbox[]" value="chkbox1">
```

　　在处理程序中，可通过遍历数组 $_POST["chkbox"] 取得多项选择的值。例如：代码段 10-6。

```
for($i=0;$i<count($_POST["chkbox"]);$i++){
echo $_POST["chkbox"][$i];
}
```

### 10.4.3　PHP 与表单的综合应用实例

　　下面以一个完整的应用实例来演示 PHP 与 Web 页面的交互。将以下代码保存为 form.php 存储到 WWW 目录下。

　　代码段 10-7。

```
<head>
<meta http-equiv="Content-Type" content="text/html; charset=utf-8" />
<title>第一个实例</title>
</head>
<body>
<form name="form1" method="post" action="check.php">
    <table width="500" border="1" cellspacing="0" cellpadding="0">
    <tr>
        <td colspan="2" align="center">PHP 与表单实例</td>
    </tr>
    <tr>
        <td width="100">用户名:</td>
```

```html
        <td><input type="text" name="username" style="width:150px"></td>
      </tr>
      <tr>
        <td>密码:</td>
        <td><input type="password" name="password" style="width:150px"></td>
      </tr>
      <tr>
        <td>确认密码:</td>
        <td><input type="password" name="password2" style="width:150px"></td>
      </tr>
      <tr>
        <td width="100">性别:</td>
        <td><input type="radio" name="sex" value="男">男
        <input type="radio" name="sex" value="女">女</td>
      </tr>
      <tr>
        <td>兴趣爱好:</td>
          <td><input type="checkbox" name="interest[]">运动
          <input type="checkbox" name="interest[]">旅游
          <input type="checkbox" name="interest[]">音乐
          <input type="checkbox" name="interest[]">美食
          <input type="checkbox" name="interest[]">文学
          <input type="checkbox" name="interest[]">其他</td>
      </tr>
      <tr>
        <td>喜欢的季节:</td>
        <td><select name="season" id="season">
          <option value="">请选择您最喜欢的季节</option>
          <option value="春天">春天</option>
          <option value="夏天">夏天</option>
          <option value="秋天">秋天</option>
          <option value="冬天">冬天</option>
        </select></td>
      </tr>
      <tr>
        <td height="30" colspan="2" align="center"><input type="reset" name=
"submit2" id="submit2" value="重置">    <input type=
"submit" name="submit" id="submit" value="提交"></td>
      </tr>
    </table>
  </form>
</body>
</html>
```

运行结果如图 10-3 所示。

图 10-3　前台表单窗口

单击"提交"按钮,用户输入的表单数据将被发送到后台程序 check. php 进行处理。一般情况下的处理方式是将用户提交的数据进行分析,然后存入数据库或文本文件等。由于篇幅关系本章内容不涉及数据库和文件操作,只以对提交的数据进行显示为例。将以下代码保存为 check. php 存储到 form. php 同一目录下。

代码段 10-8。

```php
<? php
if($_POST["password"]! =$_POST["password2"]){      //判断输入密码是否一致
echo "密码不一致";
exit;              //密码不一致则退出整个 PHP 程序
}
echo "用户名:".$_POST["username"]."<br>";
echo "性别:".$_POST["sex"]."<br>";
echo "兴趣爱好:";
for($i=0;$i<count($_POST["interest"]);$i++){
echo $_POST["interest"][$i]." ";
}
echo "<br>最喜欢的季节:".$_POST["season"];
? >
```

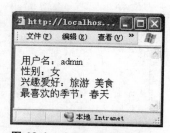

图 10-4　check. php 显示结果

提交到 check. php 后显示结果如图 10-4 所示。

## 习　　题

1. 说明 PHP 常用的嵌入 HTML 的两种方法。
2. PHP 中文件应用的两个方法分别是(　　)和(　　)。
3. PHP 中的变量用(　　)加变量名来表示。变量名与 PHP 中其他的标签一样遵循相同的规则,由( )或( )开头,后面可以跟上任意数量的字母、数字或下划线。

4. 简述 do…while 语句与 while 语句之间的区别。

5. 将前台表单数据提交到后台程序进行处理的方法有两种,即 POST 方法和 GET 方法,说明二者的区别。

6. 运用本章所学的 PHP 知识,实现一个人力资源管理系统。

# 第三篇

## 新 技 术 篇

第三篇为新技术篇,共包括 3 章,主要讲述前沿的 Web 新技术。包括 Web 2.0 和 Web 3.0 的相关知识、语义网的基本概念及其体系结构,以及新技术 RIA 和 HTML5 的概念及其特性,为学习者更好地掌握 Web 发展的方向提供帮助。

# 第 11 章

## 从 Web 2.0 迈向 Web 3.0

## 11.1 Web 2.0 的大时代

### 11.1.1 Web 2.0 概念诠释

Web x.x 是人们为了区别不同时代 Web 的发展而使用的,这些概念也是归纳出来的结果。业界对 Web 1.0、Web 2.0 直至 Web 3.0 的划分更加强调其应用模式和指导思想,而非具体技术或产品。同时在概念划分上来说三者之间并没有绝对的界限。

Web 2.0 是相对 Web 1.0 的新的一类互联网应用的统称。Web 1.0 的主要特点在于用户通过浏览器获取信息。Web 2.0 则更注重用户的交互作用和信息的共享,用户既是网站内容的接收者,也是网站内容的提供者。在模式上由被动地接收互联网信息向主动创造互联网信息发展。

Web 2.0 包含了经常使用到的服务,例如博客、播客、维基、P2P 下载、社区、分享服务等。所以有人提出,Web 2.0 是以 Flickr、43Things.com 等网站为代表,以 Blog、TAG、SNS、RSS、WiKi 等社会软件的应用为核心,依据六度分隔、xml、Ajax 等新理论和技术实现的互联网新一代模式。

### 11.1.2 Web 2.0 的特征

**1. 用户参与性**

用户的参与性是 Web 2.0 非常重要的特性,与 Web 1.0 网站单项信息发布的模式不同,Web 2.0 网站更强调 UGC(User Genetated Content)模式,即用户生成内容。在这种模式下,用户既是网站内容的浏览者也是网站内容的制造者,从而为用户提供了更多参与的机会。Web 2.0 的很多典型应用如 Blog、SNS、RSS 等都是让人在数据生产、数据使用的过程中占主导。用户创造内容的指导思想,打破了门户网站的信息垄断,同时 Web 2.0 将传统网站中的信息分类工作直接交给用户,通过用户能够合理地为 URL/书籍/图片标注 Tag(用户设置标签)来进行分类,从而使用户在网站系统内拥有自己的数据。

Web 2.0 强调用户参与性的另一个层面是通过开放 API,利用用户的参与和贡献,形成一个围绕网站服务的良性生态网络,增强服务的功能与竞争力。相信用户能够聪明地用 API 开发出更有用的附加功能,传统网站本质上是计算机后面的人工服务,而 Web 2.0 网站更像一种纯粹的、以网络为平台的软件服务。

### 2. 可重用的微内容

微内容(Microcontent)来自于用户产生的各种数据,例如一则网志、评论、图片、收藏的书签、喜好的音乐列表等。Web 2.0 使用户可以聚合、管理、分享、迁移这些微内容,从而进一步组合成各种个性化的丰富应用。微内容的可重用性依赖于微内容的结构化(例如 xml)、开放性(例如开放 API)以及工具无关性(对于用户而言,可以使用多种工具来聚合和利用这些微内容,不必局限于生成内容的原始网站)。

### 3. 以用户为中心

Web 1.0 中,网站关心的焦点是物,例如 Amazon 上的商品,Amazon 对数据的处理是按照"买这本书的人还买了哪些书",以商品为中心来组织数据,人是隐藏在背后的,没有得到呈现。而 Web 2.0 中是以用户为中心来组织数据,例如在豆瓣中记录你阅读了哪些书,哪些人和你阅读同一本书,虽然人依然是通过书这个载体而连接在一起,但人成为关心的焦点,与组织的中心。论坛与 BBS 虽然也是用户参与的,但为什么不将它作为 Web 2.0,一个因素就在于 BBS 也是以论题为中心进行组织的,而不是以用户为中心来组织数据(例如 Blog)。

### 4. 社会性

社会性特征是 Web 2.0 服务所普遍具有的特征,这不仅仅指社交网站在 Web 2.0 时代的崛起,Web 2.0 时代的多数网站都包含社会性的元素,甚至很多工具性服务都带有一些社会性的特征。由于 Web 2.0 以人为中心,人就必然会产生社会性的需求。社会性为网站带来更多的用户互动并产生丰富内容,使网站服务的使用价值与吸引力都大为增加。传统网站的用户之间往往是孤立的,Web 2.0 网站则加入了社交元素,让用户之间能够建立联系,充分满足用户的个性化需求。

### 5. 交互性

不仅用户在发布内容过程中实现与网络服务器之间交互,而且,也实现了同一网站不同用户之间的交互,以及不同网站之间信息的交互。传统网站往往采用单调的静态页面,Web 2.0 网站的页面则通常是可以与用户互动的,例如用户可以关闭或移动某些栏目等。

### 6. 渐进的开发模式

传统网站的开发周期往往很漫长,一旦定型,就很少做出变化。Web 2.0 网站几乎是从不间断地一直在开发,不断地有新功能提供,不断有新的变化。传统的想法是开发一个大型网站需要大量的人员,但是大多数 Web 2.0 网站开发者的人数都非常少。

## 11.1.3　Web 2.0 相关技术

### 1. Blog

Web 2.0 时代一项最受追捧的特性就是 Blog（博客）的兴起。Blog 是继 E-mail、BBS、IM 之后出现的第四种网络交流方式，它以网络作为载体，供个人或群体以时间顺序进行的一种记录，用户可以在其中迅速便捷地发布自己的想法，通过回溯引用和回响、留言、评论等方式及时有效轻松地与他人进行交流及从事其他活动。所有这一切都是免费的。

Blog 不能只被理解为一种日记形式的个人网页，它大量采用了 RSS 技术（下文将详细介绍），通过该技术，读者可以订阅一个 Blog，当该 Blog 有更新时第一时间得到通知；同时，RSS 可以使 Blog 作者发布的文章易于被计算机程序理解并摘要。

目前已经有了很多 Blog 托管服务商（BSP），业内人士对其盈利前景，持谨慎乐观态度。

### 2. RSS

RSS 为 Really Simple Syndication（简易供稿）的缩写，是一种用于共享新闻和其他 Web 内容的数据交换规范，起源于网景通信公司的推（Push）技术。该技术通过把网站内容如标题、链接、部分内容甚至全文转换为可延伸标示语言（eXtensible Markup Language，XML）的格式，以向其他网站供稿，使用者可以用一般的浏览器观看，也可以用特殊的"阅读器"软件来阅读。

该技术现在通常用于新闻和其他按顺序排列的网站，例如 Blog。网络用户可以在客户端借助于支持 RSS 的新闻聚合工具软件（例如 SharpReader NewzCrawler、FeedDemon RSSReader），在不打开网站内容页面的情况下阅读支持 RSS 输出的网站内容。可见，网站提供 RSS 输出，有利于让用户发现网站内容的更新。

RSS 目前除用于推送新的 Blog 文章通知，网上新闻订阅之外还可以用于其他各种各样的数据更新，包括股票报价、天气情况以及图片。

### 3. 百科全书（Wiki）

1995 年沃德·坎宁安（Ward Cunningham）为了方便模式社群的交流，创建了全世界第一个 Wiki 系统——Wiki Web，并用它建立了波特兰模式知识库（Portland Pattern Repository）。该知识库围绕着面向社群的协作式写作，不断发展出一些支持这种写作的辅助工具，从而使 Wiki 的概念不断得到丰富。同时 Wiki 的概念也得到了传播，出现了许多类似的网站和软件系统。

可以将 Wiki 理解为一种支持面向社群的协作式写作的超文本系统。这种系统包括一组支持这种写作的辅助工具，同时为 Wiki 的写作者构成的社群提供简单的交流工具，为协作式写作提供必要帮助。Wiki 站点可以由多人维护，每个人都可以发表自己的意见，或者对共同的主题进行扩展或者探讨。

与其他超文本系统相比,Wiki 有使用方便及开放的特点,所以 Wiki 系统可以帮助在一个社群内共享某领域的知识。Wiki 系统属于一种人类知识网格系统,可以在 Web 的基础上对 Wiki 文本进行浏览、创建、更改,而且创建、更改、发布的代价远比 HTML 文本小。

由于 Wiki 的自组织、可增长以及可观察的特点,使 Wiki 本身也成为一个网路研究的对象,对 Wiki 的研究也许能够让人们对网路的认识更加深入。

### 4. 网摘

传统上用户习惯于使用论坛或即时通信软件的通信群组等信息发布系统分享信息和资源,但由于它们并非从信息管理的角度为个人用户和群体用户进行设计,用户常常需要面对难于对信息进行索引和管理的困境,大大地影响了用户体验。随着互联网上信息的逐渐增多,用户迫切地需要对个人知识库进行管理,网摘的概念就应运而生了。

网摘是一种收藏、分类、排序、分享互联网信息资源的方式。用户通过网摘可以存储网址和相关信息列表,使用标签(Tag)对网址进行索引使网址资源有序分类和索引,支持网址及相关信息的社会性分享,通过知识分类机制使具有相同兴趣的用户更容易彼此分享信息和进行交流,并将所包含的全部个人知识库整理成大知识库,使互联网用户在其中方便地以各种方式进行索引挖掘信息。

国外比较著名的网摘站点如 Del. icio. us(http://del. icio. us)、Furl(http://www. furl. net)等。国内的专业网摘站点如 365key(http://www. 365key. com)、博采中心、新浪 ViVi 和讯网摘等。

### 5. 社会网络(SNS)

依据六度分割理论,每个个体的社交圈不断放大,最后成为一个大型网络,这就是社会性网络(Social Networking,SN)。后来有人创立了面向社会性网络的互联网服务(Social Network Service),通过"熟人的熟人"来进行网络社交拓展,例如 ArtComb、Friendster、Wallop、adoreme 等,而国内的 SNS 概念通常是指基于社会网络关系系统思想的网站,即社会性网络网站(Social Network Sites)。现在许多 Web 2.0 网站都属于 SNS 网站,如人人网(校内网)、开心网、白社会等。

除了"熟人的熟人"这种社交拓展方式外,现今的 SNS 还包括根据相同话题进行凝聚(如贴吧),根据爱好进行凝聚(如 Fexion 网),根据学习经历进行凝聚(如 Facebook),根据周末出游的相同地点进行凝聚等。

### 6. P2P

P2P 是英文 Peer-to-Peer(对等)的简称,是一种网络新技术,依赖网络中参与者的计算能力和带宽,而不是把依赖都聚集在较少的几台服务器上。P2P 还是英文 Point to Point(点对点)的简称。它是下载术语,意思是在你下载的同时,自己的计算机还要继续做主机上传。这种下载方式,人越多速度越快,但缺点是对硬盘损伤比较大(在写的同时还要读),对内存占用较多,影响整机速度。

简单地说,P2P 直接将人们联系起来,让人们通过互联网直接交互。P2P 使得网络上的沟通变得容易、更直接共享和交互,真正地消除中间商。

事实上,网络上现有的许多服务可以归入 P2P 的行列,如 ICQ、微软的 MSN Messenger 等即时信息系统都是较为流行的 P2P 应用。它们允许用户互相沟通和交换信息、交换文件。但这些系统并没有诸如搜索这种对于大量信息共享非常重要的功能。其他比较典型的 P2P 应用如 eMule、迅雷 Thunder、酷狗(KuGoo)、BitTorrent(简称 BT)等都是大家非常熟悉的。

### 7. 即时信息(IM)

即时信息(Instant Messaging,IM)又称为网上传呼,是一种免费的在线实时交流工具,是在因特网上开展的发送服务业务。它可以使用户在网上跟踪同时在网上浏览的亲朋好友。无论这些亲朋好友在任何一个网站的任一网页上浏览,只要输入口令,就可以找到他们,看到他们正在浏览的网页,并可输入文本同他们进行即时对话。

目前常用的即时信息工具有国外的 ICQ、Yahoo! Messenger、MSN Messenger、OAL 及时信使(AIM)等,以及国内网站经营的 QQ、新浪 UC 等。

上文介绍了一些常见的 Web 2.0 技术应用,必须说明的是,虽然 Web 2.0 有一些典型的技术,如 RSS 等,但这些技术是为了实现具有 Web 2.0 特征的应用模式所采取的手段,所以 Web 2.0 的核心不是技术而在于其指导思想 。另外,在概念划分上 Web 2.0 网站与 Web 1.0 并没有绝对的界限。

# 11.2　Web 3.0 的新时代

## 11.2.1　Web 3.0 概念诠释

作为 Web 2.0 的替代物,Web 3.0 被理解为建立在 Web 2.0 的基础之上,并且实现了更加"智能化的人与人和人与计算机的交流"功能的互联网模式。

按照维基百科给出的 Web 3.0 的定义:"Web 3.0 一词包含多层含义,用来概括互联网发展过程中可能出现的各种不同的方向和特征,包括将互联网本身转化为一个泛型数据库;跨浏览器、超浏览器的内容投递和请求机制;人工智能技术的运用;语义网;地理映射网;运用 3D 技术搭建的网站甚至虚拟世界或网络公园等。"

从现有的资料中可以归纳新的 3.0 的模型应该是基于搜索＋开放式 TAG(关键词标签)＋智能匹配的新门户。

## 11.2.2　Web 3.0 的特点

### 1. 终端多样化

现有的 Web 2.0 应用大多通过 PC 终端应用在互联网这一单一的平台上,面临现在层出不穷的新的移动终端的开发与应用,需要新的技术层面和理念层面的支持。Web 3.0

的网络模式将实现不同终端的兼容,从 PC 互联网到 WAP 手机、PDA、机顶盒、专用终端、实现融合网络的普适化。同时公用显示装置与个人智能终端的通用是信息的传播渠道多样化,继报纸、电视广播、互联网之后,各种智能终端将成为新的信息传播渠道,从而实现信息发布便携式,互动、实时参与。

**2. 数据信息开放化**

Web 3.0 网站内的信息可以直接和其他网站相关信息进行交互和倒腾,能通过第三方信息平台同时对多家网站的信息进行整合使用。同时用户在互联网上拥有自己的数据,并能在不同网站上使用。

**3. 信息可信度增强**

在 Web 2.0 时代,出现了 UGC(User Generated Content)的概念,即用户生成内容,社区网络、视频分享、博客和播客(视频分享)等都是 UGC 的主要应用形式。这种用户使用互联网的新方式使每一个用户都可以生成自己的内容,造成互联网上的内容飞速增长。同时,由用户自行产生的内容,可能会有很多错误、虚假和片面的内容。

Web 3.0 的目的是建立可信的 SNS,可管理的 VoIP 与 IM,可控的 Blog/Vlog/Wiki,通过对用户的真实信息的核查与认证为社交网络的扩展提供可靠的保障,可信度越高、信用度越好的用户发布的信息将会被自动置顶。搜索高可信度信息时,可以点击可信度高的用户撰写的 Blog/Vlog/Wiki,实现可信内容与用户访问的对接。

**4. 个性化搜索**

Web 3.0 将应用 Mashup 技术对用户生成的内容信息进行整合,将精确地阐明信息内容特征的标签进行整合,提高信息描述的精确度,从而便于互联网用户的搜索与整理。

Web 3.0 将用户的偏好作为设计的主要考虑因素。Web 3.0 在对于 UGC 筛选性的过滤的基础上将传统的聚合技术,如 TAG/ONTO/RSS 等和挖掘技术相结合,对用户的行为特征进行分析,在寻找可信度高的 UGC 发布源的同时对互联网用户的搜索习惯进行整理、挖掘,创造出更加个性化,搜索反应迅速、准确的"Web 挖掘个性化搜索引擎",帮助互联网用户快速、准确地搜索到自己感兴趣的信息内容,避免大量信息带来的搜索疲劳。

## 11.2.3 Web 3.0 技术形式

就技术层面上来讲,Web 3.0 和 Web 2.0 所用语言和基本工具在本质上并没有什么很大的差别,但是应用环境的不同决定了可以实现的功能和表现方式都产生了巨大的飞跃,用户体验得到了极大的改善。同时也衍生出了相关技术在不同模式下的新应用,像人工智能、语义 Web 等概念和技术将在 Web 3.0 时代得到更大的发展空间。

**1. 人工智能**

Web 3.0 被预言为实现人工智能化网络的途径,也就是说最终能以类似人类的方式思辨网络。也有人提出智能系统将成为 Web 3.0 背后的推动力,重点推出智能、整合、分享这些新的概念,使互联网应用有更丰富的对话和知识库,能够创造人机对话体验,同时整合多种互联网应用,能够通过自然语言对话理解用户意图,引导到相应的模块。例如当用户查询一本书时,可以直接输入"最新出版的网络数据库方面的图书",不会将带有"最新出版"、"网络数据库"、"图书"的所有页面连接列出,而是通过对自然语言的理解,根据出版日期及出版物内容列出符合条件的图书链接,并可自动生成简洁、准确的内容摘要,建立基于内容的相关性连接,根据个人的收藏兴趣为其推荐新文章等。

### 2. 语义网

语义网被认为是 Web 3.0 里最核心的概念之一。和人工智能的方向有关联,语义网将人类从搜索相关网页的繁重劳动中解放出来,通过基于描述逻辑和智能代理的推理软件,运用表述网络上概念和数据之间的关系的规则来进行逻辑推理操作,从数以万计的网页中筛选出相关的有用信息。

同人工智能相比,语义 Web 求解问题的策略正好相反,它要求通过人类的额外工作,例如对 Web 文档中的数据进行形式化描述,以便计算机能够理解 Web 文档。在语义网中,信息都被赋予了明确的含义,计算机能够自动地处理和集成网上可用的信息。语义网使用 XML 来定义定制的标签格式以及用 RDF 的灵活性来表达数据,以类似于 Ontology 的网络语言(例如 OWL)来描述网络文档中的术语的明确含义和它们之间的关系,从而达到使计算机能够理解和处理文档的目的。

### 3. Web 3D

在 Web 2.0 时代,Ajax 技术的不断完善和发展极大地改善了用户体验。在 Web 3.0 的时代,前端显示以 3D 的方式将内容呈现在用户面前,这从根本上改变了人机交互的形式。

当前,互联网上的图形仍以 2D 图像为主流,但互联网上的交互式 3D 图形技术 Wed3D 正在取得新的进展,正在脱离本地主机的 3D 图形,形成自己独立的框架。最具魅力的 Wed3D 图形将在互联网上有广泛应用,如电子商务、联机娱乐休闲与游戏、科技与工程的可视化、教育、医学、地理信息、虚拟社区。

虽然,Wed3D 技术将有好的发展前景,但仍然不可盲目乐观,它还面临着很多问题,如带宽、处理器速度等。现在的 Wed3D 图形有几十种可供选择的技术和解决方案,多种文件格式和渲染引擎的存在是 Wed3D 图形在互联网上应用的最大障碍,而这种局面还将长时间存在。

### 4. Web OS

Web OS(Web-based Operating System)即基于网络的操作系统,通过 Web OS,只需要在硬件上安装浏览器软件,便可在任何接通网络的计算机上使用自己熟悉的操作系统。

Web OS 给予人们工作很大的可移动性与跨平台性,可以设想,未来的 PC 只需要一台显示器就足以完成用户的所有需求。

Web 3.0 希望通过支持 Web API(Web Application Program Interface,网络应用程序编程接口)提供网络操作接口,把 Web 的基本操作程序封装在一起,提供集中的、全面的、友好的 Web 资源访问能力,是一组网络功能的集合。允许用户定制自己的应用程序。

### 5. 移动网络

移动互联技术,尤其是 3G 技术的发展和普及,促使视频通话、无线音乐、手机电视、移动搜索、移动购物、移动社交、移动流媒体等越来越多的移动产品被发布和应用,信息的发布变得更加快速,资讯的时效性也越来越强。

在 Web 3.0 时代,人们更加习惯在上班路上、出行途中,或是闲暇之余使用手机或其他非 PC 终端设备浏览网页、聊天、更新微博,真正的做到"Anytime、Anywhere、Anyway"。

## 习　　题

1. 简述 Web 2.0 的特征。
2. 简述 Web 3.0 的特点。
3. 举例说明 Web 3.0 的几种技术形式。

# 第 12 章

# 语 义 网

## chapter 12

> "如果说 HTML 和 Web 将整个在线文档变成了一本巨大的书,那么 RDF、Schema 和 Inference Languages 将会使世界上所有的数据变成一个巨大的数据库。"
>
> ——Tim Berners-Lee。

## 12.1 语义网概述

简单地说,语义网是一种能理解人类语言的智能网络,它不但能够理解人类的语言,而且还可以使人与计算机之间的交流变得像人与人之间交流一样轻松。它好比一个巨型的大脑,智能化程度极高,协调能力非常强大。在语义网上连接的每一台计算机不但能够理解词语和概念,而且还能够理解它们之间的逻辑关系,可以做人所从事的工作。它将使人类从搜索相关网页的繁重劳动中解放出来,把用户变成全能的上帝。语义网中的计算机能利用智能软件,在万维网上的海量资源中找到所需要的信息,从而将一个个现存的信息孤岛发展成一个巨大的数据库。

### 1. 语义网简介

"语义网"是计算机和互联网界在描述下一阶段网络发展时所使用的术语。所谓"语义"就是文本的含义。语义网就是能够根据语义进行判断的网络,也就是一种能理解人类语言,可以使人与计算机之间的交流变得像人与人之间交流一样轻松的智能网络。通过"语义网",可以构建一个基于网页内数据语义来进行连接的网络,从而使网络能按照用户的要求自动搜寻和检索网页,直至找到所需要的内容。

在语义网中,网络变得聪明了,似乎被置入了某些推理能力。或许将来某个时候,具备人工智能的软件代理人会替你在线处理所有繁杂的商业和个人事务。

语义网是万维网的延伸,不仅可用自然语言表现网络内容,而且这些内容还可以被软件代理人(Software Agent)所阅读和使用。万维网的创始人蒂姆·伯纳斯·李将网络看做一种数据、信息和知识交换的万有媒介,可以说,语义网完全符合他的这一梦想。

语义网的第二个重要元素是促进生产力。一旦计算机知道您的参数并且它在网上有一个语义描述,它就能根据规则给你一个精确、私人化的结果。更加困难的是,您个人的爱好是一个从计算机返回的数据的过滤器:找一个预算在 3000 元以下的旅行计划,如果这些都实现了,那我们可以宣布语义网时代已经到来了。

**2. 语义网的实现**

语义网虽然是一种更加美好的网络,但实现起来却是一项复杂而浩大的工程。要使语义网搜索更精确彻底,更容易判断信息的真假,达到实用的目标,首先需要制定标准,该标准允许用户给网络内容添加元数据(即解释详尽的标记),并能让用户精确地指出他们正在寻找什么;然后,还需要找到一种方法,以确保不同的程序都能分享不同网站的内容;最后,要求用户可以增加其他功能,如添加应用软件等。

语义网的实现是基于 XML(Extensible Markup Language)语言和资源描述框架(RDF)来完成的。XML 是一种用于定义标记语言的工具,内容包括 XML 声明、用于定义语言语法的 DTD(Document Type Declaration,文档类型定义)、描述标记的详细说明以及文档本身。而文档本身又包含标记和内容。RDF 则用于表达网页的内容。

## 12.2 语义网体系结构

语义网体系结构如图 12-1 所示。

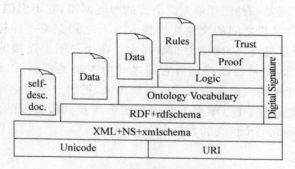

**图 12-1 语义网体系结构**

语义网的体系结构共分 7 层,自下而上分别是编码定位层(Unicode＋URI)、XML 结构层(XML ＋ NS ＋ xmlschema)、资源描述层(RDF ＋ rdfschema)、本体层(Ontology vocabulary)、逻辑层(Logic)、证明层(Proof)和信任层(Trust)。各层之间相互联系,通过自下而上的逐层拓展形成一个功能逐渐增强的体系。它不仅展示了语义网的基本框架,而且以现有的 Web 为基础,通过逐层的功能扩展,为实现语义网构想提供了基本的思路与方法。下面详细介绍该体系结构各层的含义、功能以及它们之间的逻辑关系。

**1. 编码定位层(Unicode＋URI)**

就像人与人之间的交流需要共同的语言一样,语义网要实现计算机之间的相互交流与合作也需要使用共同的“语言”。语言需要对信息进行编码,即编码是语言的基础,只有编码相同才能保证语言相通。在当前的 WWW 中存在着各种各样不同的语言及相应的字符集,要实现不同计算机之间的交流与合作,必须对这些不同的字符集进行统一的编码。

Unicode 是一个字符集,这个字符集中所有字符都用两个字节表示,可以表示 65 536 个字符,基本上包括了世界上所有语言的字符。数据格式采用 Unicode 的好处就是它支持世界上所有主要语言的混合,并且可以同时进行检索。可见,Unicode 为语义网提供了统一的字符编码格式,这种统一的编码格式不仅方便语义网上字符的表示,而且也有利于不同国家、不同民族的不同字符集在语义网上的统一操作、存储和检索。

在现实生活中,不能仅仅通过一个简单的名字来唯一确定某个人。对于同名的人来说,只有通过他(她)所具有的不同的社会关系才能将其与他人区分开来。网络上所有的资源也都有一个"名字",同样也不能根据这个简单的名字来唯一地确定网络上的某一资源,因为具有相同"名字"的网络资源实在是太多了。为了区别不同的网络资源,必须为它们确定不同的"社会关系"。对于网络资源来说,其"社会关系"就是 URI。

URI(Uniform Resource Identifier)即统一资源标识符,用于标识、定位网络上的资源。URI 有多种形式并可扩展,其中最常见的是 URL,如 http://www.w3.org/People/Berners-Lee 指的就是语义网的创始人蒂姆·伯纳斯·李。此外 URI 还有其他多种形式,包括 UUID、TAG 和 els 等。可以用 URI 唯一地标识任一事物,并且任一拥有 URI 的事物都可以说它是在 Web 上的。例如上周刚刚买到的书、脑海中的一些不成熟的思想甚至本人等,都可以使用 URI 在网络上进行标识。

在语义网的体系结构中,编码定位层(Unicode ＋ URI)处于最底层,是整个语义网的基础,其中 Unicode 负责处理资源的编码,URI 负责资源的标识。只有在对资源进行编码与标识的基础上才能对资源进行进一步的处理。

### 2. XML 结构层(XML＋NS＋xmlschema)

"李开复,男,1961 年 12 月生于中国台湾,现任创新工场董事长兼首席执行官。"

对于上述文本,可以很容易理解,因为这段文本是关于李开复的一个简单介绍,其中"李开复"是姓名,"男"表示性别等。也就是说,实际上知道上述文本所隐藏的一些信息。将这些隐藏的信息显式地表达出来就是:

姓名:李开复

性别:男

出生年月:1961 年 12 月

出生地:中国台湾

单位:创新工场

职务:董事长兼首席执行官

这些被隐藏的信息称为元数据。元数据是关于数据的数据,例如数据"姓名",就是关于数据"李开复"的数据。只有显式地说明关于数据的元数据信息,才能进行完整、清晰、准确的交流。例如对于文本"创新工场",如果不显式地说明它表示单位名称,那么对于一个外星人来说很有可能把它当作是一个人的名字或是一个国家。因此元数据对于人与人之间的信息交换以及计算机之间的相互交流都是至关重要的。

为了显式地表达数据的元数据,必须对数据进行一定的"标记",并用标记名称(也叫标签)表达数据的元数据信息。例如对数据"李开复"所做的标记"姓名"。对数据进行标记的规则和方法的总和称为标记语言。HTML 就是 Web 中经常用到的标记语言。

所不同的是,HTML 所做的标记并不是关于数据内容的元数据,而是关于数据显示格式和显示样式的元数据。例如在 HTML 中,标签<B>的含义是要求网页浏览器将一段文本加粗表示,而标签<CENTER>的含义是告诉浏览器将这段文本在一行的中间显示。

此外,HTML 提供的标签数量是固定的,这对于大量的网络应用来说显然是不够的。不同的行业、部门、学科分类甚至具体应用都需要面向自己应用的一套标签或标记语言。例如文本"Google",在具体应用 A 中可能使用标签<公司名称>定义,而在应用 B 中可能使用标签<搜索引擎>定义。为了更加灵活地定义面向各种不同应用的标签,人们开发了可扩展标记语言 XML(eXtensible Markup Language)。

XML 最突出的特点就是功能强大又易于使用,是 Web 上数据表示的标准。正是由于 XML 机动灵活,它允许用户在文档中加入任意的结构而无须说明这些结构的含义,从而可以表达丰富的信息资源。用户可以在 XML 中创建自己的标签、对网页进行注释,脚本(或程序)可以利用这些标签来获得信息。因此 XML 非常适用于不同应用间的数据交换,而且这种交换是不以预先规定一组数据结构定义为前提,具备很强的开放性。

XML 并非像 HTML 那样提供了一套事先定义好的标签,而是提供了一个标准,利用这个标准,可以根据实际需要定义自己的置标语言,并为这个置标语言规定它特有的一套标签。因此准确地说,XML 是一种元标记语言,即定义标记语言的语言。

NS(Name Space)即命名空间,由 URI 索引确定,目的是为了简化 URI 的书写。例如 URI"http://www.w3.org/1999/02/22-rdf-syntax-ns #"就可以简写为 RDF。通过在命名前加上 URI 索引前缀,即使具有相同命名的两个事物,只要它们的 URI 索引前缀不同,二者就不会混淆。

XML Schema 实际上也是 XML 的一种应用,它本身采用 XML 语法,所以 XML 文档是一种自描述文档。XML Schema 是 DTD(Document Type Definition)的替代品,但比 DTD 更加灵活。它不仅提供了一套完整的机制以约束 XML 文档中标签的使用,而且支持更多的数据类型,能更好地为有效的 XML 文档服务并提供数据校验机制。

正是由于 XML 灵活的结构性,由 URI 索引的命名空间而带来的数据可确定性以及由 XML Schema 所提供的多种数据类型及检验机制,才使得 XML 结构层(XML ＋ NS ＋ xmlschema)成为语义网体系结构的重要组成部分。该层主要负责从语法上表示数据的内容和结构,通过使用标准的置标语言将网络信息的表现形式、数据结构和信息内容相分离。但 XML 数据模式是一种固定的、树状的文本表示模式,在描述数据元上缺乏一定的灵活性;而且 XML 所表达的语义是隐含在文档的标记和结构中的,它只能被了解其标签含义的程序人员或网页制作者所使用。因此,XML 只能表达数据的语法,而不能表达计算机可理解的形式化的语义,为此语义网引入了 RDF。

### 3. 资源描述层(RDF＋rdfschema)

RDF(Resource Description Framework)即资源描述框架,是 W3C 推荐的用来描述

WWW 上的信息资源及其之间关系的语言规范。RDF 在语法上符合 XML 规范,从这个意义上可以把 RDF 看成是利用 XML 规范而定义的一种置标语言。但在语义描述上,RDF 与 XML 却有天壤之别。

RDF 非常适合描述表达 Web 资源的元数据信息,如题名、作者、修改日期以及版权信息等,具有简单、开放、易扩展、易交换和易综合等特点。由于它们都称为 Web 资源,所以 RDF 实际上可以描述任何可以在网络上标识的信息。因此在资源描述上,RDF 更像是一个数据模型。该模型以"资源-属性-属性值"的形式描述网络信息资源。资源、属性和属性值在 RDF 中分别用术语主语(Subject)、谓语(Predicate)、宾语(Object)表示,由主语、谓语、宾语构成的三元组(Triple)称为 RDF 陈述或陈述(Statement)。如果把主语和宾语看作是节点,属性看成是一条边,则一个简单的 RDF 陈述就可以表示成一个 RDF 有向图。

RDF 数据模型实质上是一种二元关系的表达,由于任何复杂的关系都可以分解为多个简单的二元关系,因此 RDF 的数据模型可以作为 Web 上任何复杂关系模型的基础模型。

RDF 定义了一套用来描述资源类型及其之间相互的词汇集,称为 RDF Schema(RDFS)。在用 RDF 描述资源时,首先使用 RDF Schema 提供的建模原语构建被描述资源的 Schema 信息,然后再利用此 Schema 描述目标信息资源。通过 RDF Schema 可以定义资源的类型、属性并显式地揭示它们之间丰富的语义关系。

RDF(S)是语义网的重要组成部分,它使用 URI 来标识不同的对象(包括资源节点、属性类或属性值)并可将不同的 URI 连接起来,清楚表达对象间的关系。为揭示对象间关系由 URI 连接而成的 RDF 有向图摆脱了 XML 文档所隐含的树形资源结构的限制,可以更加灵活地表达网络上的知识或资源,揭示它们之间的相互关系,而这更加符合 WWW 开放、分布式以及结构松散的特征。在此框架下,以前在 XML 文档中只能为程序人员或网页制作者所理解和使用的标签已经转换成了定义清晰的词汇,并可显式地表达计算机可理解的形式化的语义。如果把 XML 看作是一种标准化的元数据语法规范的话,那么就可以把 RDF 看作是一种标准化的元数据语义描述规范。

与 XML 中使用的标签类似,RDF 对属性的定义没有任何限制。也就是说不同的词汇可能表示的是同一个属性,如使用 Creator 和 Author 都可以表示一篇论文的作者。这就是通常所说的同义词或多词一义现象,即一个概念可以用多个不同的词汇来表达。当两个不同的系统或软件代理分别使用不同的词汇来表达同一个概念并需要进行数据交换时,多词一义就会带来问题,因为它们不知道这两个词汇表示的是同一个概念。与多词一义相对应的另一个问题是一词多义,即表达概念的同一个词汇在不同的应用背景下其含义是不同的。RDF 并不具备解决这两个问题的能力。

此外,RDFS 所提供的构造元素(Constructor),虽然可以表达比 XML 更为丰富的语义信息,但距离语义网强大推理能力的要求,其表达能力仍然偏弱;RDF 允许把类作为实例和属性使用,并且也可以把陈述作为资源,这在理论化模型(Model-theoretic)语义下相当于高阶逻辑,不可判定,从这个意义上讲,RDF 的表达能力又太强了。因此必须在语言的表达能力与推理能力之间进行一定的折中,在保障足够的表达能力的同时,提供充分的推理能力。

基于以上两点,语义网引入了本体。

### 4. 本体层（Ontology Vocabulary）

本体（Ontology）的概念最初起源于哲学领域,用于研究客观世界的本质。在语义网范畴内,本体是关于领域知识的概念化、形式化的明确规范。在语义网体系结构中,本体的作用主要表现在:

（1）概念描述：即通过概念描述揭示领域知识。

（2）语义揭示：本体具有比 RDF 更强的表达能力,可以揭示更为丰富的语义关系。

（3）一致性：本体作为领域知识的明确规范,可以保证语义的一致性,从而彻底解决一词多义、多词一义和词义含糊现象。

（4）推理支持：本体在概念描述上的确定性及其强大的语义揭示能力在数据层面有力地保证了推理的有效性。

与资源描述层相比,本体提供了对领域知识的共同理解和描述,具有更强的表达能力,支持可保证计算完整性和可判定性的逻辑推理。从整个语义网体系结构来看,本体层起着关键的作用。它不仅弥补了资源描述层的不足,而且其概念模型也是逻辑层（Logic）以上各层发挥作用的基础,因为只有在对领域知识形成一致性描述的基础上才能进行相应的规则描述、推理和验证。

### 5. 逻辑层（Logic）、证明层（Proof）和信任层（Trust）

在 RDF 和本体的帮助下,语义网将包含大量富含语义信息的网页。整个语义网就像是一个巨大的全球互连的数据库。这将彻底改变人们的交流方式和生活方式。有了语义信息的帮助,人们开发出的软件代理（Agent）程序的智能和自动化程序将大大提高。它们可以从不同的资源中收集网页内容,搜索和处理信息并和其他代理进行交互、协调,这将真正显示和发挥语义网的巨大威力。在 Berners Lee 的语义网构想中,用户将使用代理（Agent）完成各种各样的任务。

代理有 3 个基本任务：服务发现、协调和验证。代理在接到用户的服务请求以后,首先将用户的服务请求分解成若干个子任务,确定每个子任务的功能,然后按功能需求对网络服务进行定位,这个过程称为服务发现。如果定位成功,代理必须协调每个子任务之间的功能接口和工作流程,以完成用户的服务请求；如果定位失败,代理必须对子任务进行再分解或向其他代理发出帮助请求,以期寻求完成该子任务的适当途径。对于代理的每一步工作,语义网必须提供必要的验证机制,通过建立信任关系以确保其可靠性。

代理在执行任务的过程中,不论是对任务的分解、定位、协调,还是对任务执行情况的验证,都涉及推理问题。推理必须依靠数据和规则（Rule）。本体的主要任务是以概念的形式提供对领域知识的共同理解与描述,即提供推理所必需的数据。虽然本体在构建时也包含了一定的规则,但这些规则不仅数量有限,而且只与特定的本体数据相关联,描述能力有限。要实现语义网构想所期望的强大的推理能力就必须要有一套高效的,与语义网开放、分布式的体系结构相适应的规则系统,而这正是逻辑层（Logic）的主要任务。

在语义网体系结构中,本体层以上的各层统称为规则层。规则层中各层的具体含义是不同的。逻辑层主要描述推理规则,因为它是代理对用户任务进行分解、定位、协调、验证乃至最后建立信任关系的基础,所以它位于规则的最底层。证明层(Proof)是为保证代理工作的可靠性而提供的一种验证机制,它应用逻辑层的规则以及本体层的数据表达逻辑推理,子任务和代理之间通过交换"证明"而为数据或结论提供可靠性保证。其基本思想是:我所提供的数据和推理是正确的,因为有多个可信信息源都认为我是可以信赖的,它们包括在 Proof 数据段中。信任层(Trust)位于体系结构的最顶层,同时也处在规则层的最上层。通过"证明"交换和数字签名(Digital Signature)技术,可以建立信任关系,保证语义网的可靠性。

数字签名是一段加密的数据,用来保证数据或推理的可靠性。需要指出的是,不仅逻辑层和证明层需要数字签名来保证规则的可靠性,而且语义网体系结构的数据层(资源描述层和本体层)也同样需要数字签名技术来保证数据的可靠性。

## 12.3　语义网-技术应用

语义网一开始就肩负着改造现有万维网的重任,它正在逐渐改变和影响现有的万维网。RSS、CC 以及 Powerset 这些语义网支撑技术都让我们切实感受到了迎面扑来的语义 Web 之风,使普通用户享受到了语义网技术所带来的便捷,听到了它越来越近的脚步声。

RSS 是目前最成功的以语义网支撑技术为基础的应用,是站点用来和其他站点共享内容的一种简易方式。用户只要安装 RSS 阅读器,它就会自动收集和组织用户订制的新闻,按照用户希望的格式、地点和时间直接传送到用户的计算机上。目前国内外大型门户网站如新浪、搜狐、网易等都支持 RSS 应用,标记为 XML 或 RSS 的橙色图标就是该网站支持 RSS 应用的记号。

知识共享(CC)版权识别是语义网技术的另一个现实应用。非盈利性组织"知识共享组织"旨在为创造性作品提供灵活的著作权许可协议。基于语义网支撑技术 RDF 的 CC 搜索引擎,能自动识别和理解作品版权信息,为用户合法使用具有不同级别的知识产权网络作品提供了极大方便,例如在线图片存储网站巴巴变(bababian.com)就已经集成了 CC 中国大陆版许可协议,"巴巴变"的用户可以选择知识共享中国大陆项目提供的许可协议,授权他人使用自己拥有著作权的图片作品。

刚问世就被称为"Google 杀手"的 Powerset,则是巴尼·佩尔(BarneyPell)追逐的一个关于自然语言搜索引擎的梦想。38 岁的佩尔认为,Google 只能通过关键字来搜索,不能分辨"儿童看的书"、"儿童写的书"和"关于儿童的书"之间的区别,而自然语言引擎却能够分析"功能词",理解哪怕是最小的关键词的意思。他相信 Powerset 搜索引擎很快就可以推向市场,成为语义网的催化剂。

除了上述语义网技术的成功应用外,目前有希望的语义网应用研究还集中在 Web 服务、基于代理的分布式计算以及基于语义的数字图书馆等方面。

语义网虽然是一种更加美好的网络,但实现起来却是一项复杂浩大的工程。面对纷繁复杂的问题,人尚且难以决断,更何况计算机呢。况且,决定技术发展方向的是用户体验,而不是理论。要真正实现实用的语义网,还有很多难题亟待解决,有些暂时还看不到解决的希望。语义网的研究开发基本上还停留在实验室阶段,成熟的语义网技术商业应用产品并不多见,各大软件生产商对其应用还处于观望期。但是,随着对语义网体系结构、支撑技术和实现方法的不断突破,基于语义网支撑技术的相关应用会日趋成熟,在不久的将来,计算机一定能看懂并处理网页中的内容,伯纳斯·李所期盼的人们将更方便快捷地使用万维网发布和获取信息的理想,也一定会成为现实。

# 12.4　语义网——未来面临的挑战

## 1. 第一代 Web

WWW(World Wide Web)又称万维网,简记为 Web,是构建在 Internet 上采用浏览器/服务器网络计算模式,访问遍布在 Internet 计算机上所有链接文件。1989 年,在日内瓦欧洲粒子物理实验室工作的 Berners Lee 发明了最初的 Web。第一代 Web 发明了超文本格式,把分布在网上的文件链接在一起。这样用户只要在图形界面上点击鼠标,就能从一个网页跳到另一个网页,使得通过互联网浏览文档成为可能,这时的 Web 以HTML 语言、URL 和 HTTP 等技术为标志,以静态页面的平台形式来展现信息。

## 2. 第二代 Web

第二代 Web 以动态 HTML 语言、JavaScript、VBScript、ActiveX、API、CGI 等技术为标志。它允许用户通过交互查询数据库并将数据库中符合要求的结果动态地生成页面,展示给用户。这极大增强了 Web 处理大规模数据的能力。Web 由一个展示信息的平台真正变成了信息处理的平台,极大促进了人们的信息交流与共享。

## 3. 第三代 Web

Web 是一个庞大的知识库,Web 已经成为人类获取信息和得到服务的主要渠道之一。但是 Web 并非已经尽善尽美,仍然存在很多尚待解决的问题。

(1) Web 信息无法被自动处理。

当前的 Web 无论是静态的 HTML 网页,还是动态生成的网页,其目的都是供人阅读。以往的 Web 技术都忽略了计算机的处理作用,计算机在其中主要扮演了展现信息的作用,而没有理解和处理 Web 信息的能力。

(2) Web 信息无法被有效利用。

面对 Web 庞大的知识库,对信息的有效利用提出了巨大挑战。基于传统技术的搜索引擎已经无法应对 Web 这个日益庞大的知识库。以最强大的搜索引擎 Google 来说,它目前能搜索 80 多亿的 Web 页面,但这仅仅占整个 Web 规模的 25％～30％,也就是说还有大量的信息无法被搜索到。同时,由于计算机无法精确识别 Web 上的内容,当前搜索引擎返回的结果中,存在许多垃圾信息,搜索结果和质量并不令人满意。

由此可见,现在的 Web 只是定位和展示信息的作用,对信息的内容并不关心,而事实上,人们真正关心的是信息的内容。只有对信息内容的含义进行描述,才能实现智能化的 Web 服务。为此,Berners Lee 在 2000 年又提出了语义网。所谓"语义",就是文本的含义。"语义 Web"就是能够根据语义进行判断的网络。简单地说,语义 Web 是一种能理解人类语言的智能网络,被人们称为第三代 Web。在语义网环境下,Web 上定义和链接的数据不仅能显示,而且可以被计算机自动处理、集成和重用。只有当数据不仅可以被人而且可以被计算机自动地共享和处理的时候,Web 的潜力才发挥到极致。

## 12.5 语义网——相关产品

### 1. Freebase

2010 年 7 月,Google 收购了一家语义技术领先公司 Metaweb。Metaweb 运营着一个开放的语义信息数据库 Freebase。Freebase 和维基百科类似,不同的是,它完全专注于结构化数据及个人用户可行性操作。Google 此前已和 Freebase 建立合作关系,引入 Freebase 的信息,在谷歌新闻里提供智能搜索结果。在完成对 Metaweb 的收购后,谷歌现在可以更充分地利用 Freebase 的工具和数据,尤其是在基本的 Web 搜索结果范畴。Freebase 也是去年语义网十大产品之一,能被 Google 收购,正是其发展潜能的证明。

### 2. GetGlue

对 GetGlue 来说,2010 年是个转折点。在 GetGlue 网上,用户在观看电视节目、阅读书籍、听音乐时候都可以"签到"。去年 11 月,GetGlue 改换品牌名称,并启用新网站。一夜之间,它从一个名为 Blue Organizer 的浏览器插件摇身变为名为 GetGlue 的目标网站。随后不久,它又推出了移动应用程序,用户在观看电视时或者在娱乐场所都能登录应用 GetGlue。品牌变更给 GetGlue 带来良好的效应。2010 年,GetGlue 的用户量呈现出强劲的增长势头,截至 9 月末用户人数已超过 60 万。

### 3. Flipboard

2010 年 iPad 的问世激起了应用软件界新一波的革新浪潮。Flipboard 是一款专为 iPad 开发的杂志阅读应用程序。很少有创业公司能像 Flipboard 如此充分地利用触摸屏用户界面,为客户创造无与伦比的体验。原来 Flipboard 不仅外观精美,而且采用了语义技术。Flipboard 收购了语义技术新创公司 Ellerdale,其智能资料剖析算法在此之前已被应用于实时搜索引擎的创建及趋势追踪。Ellerdale 公司的技术被 Flipboard 用于设计更具个性化的实时体验,能够为用户选择重要的最新社会新闻,然后以用户熟悉的酷似杂志的布局呈现出来。

### 4. Hunch

Hunch 最初提供问答(Q&A)服务,今年 8 月它进行了重新定位,将自己定义为一个提供个性化服务的产品：能向用户展示用户喜欢的电影、书籍、度假地点及其他类似项目的推荐引擎。该公司的目标是"将互联网上的每个人和每个目标进行比配，即使是一个产品、一项服务、一个人。"共同创始人 Caterina Fake 10 月份透露，Hunch 通过另一种搜索方式即决策树模型，为用户提供更多个性化信息。

### 5．Apture

Apture 是一家提供语义语境搜索引擎服务的公司，它一直保持着强劲发展的势头（2009 年它也位列十大语义网产品之一）。2010 年 8 月，Apture 推出了一款新插件 Apture Highlights，能让用户深入了解在网络上任一网页上发现的主题。几年前，它还只是一家网络服务公司，要求发布者上传弹出式窗口链接时自我选择是否加载多媒体。随着 8 月份 Apture Highlight 的问世，Apture 现已消除此项限制。一切均自动化，此插件几乎处处可用。

### 6．Facebook

Facebook 公布过一个大规模的新平台 Open Graph（开放图谱），这成为语义网 2010 年度最重大的新闻。Open Graph 通信协定的预期目标是让发布者能够将个人网页整合到社交图中。实质上，现在每个网页都可以成为一个 Facebook 的社交图"对象"（社交图是 Facebook 对于人们在其网络系统中如何彼此联系所用的专业术语）。这意味着在所有社交网用户个人资料页、博客文章、搜索结果、Facebook 个人主页信息流等中的网页都可以被引用和相关联。Open Graph 是一个涉猎广泛的平台，包括诸如"赞"按钮和为发布商提供的插件等。它还包括一个简单的、基于 RDF 的标记。这就要求发布者的每个发布项至少包含 4 个元数据属性：名称、类型、图像、网址，还有一些额外的属性，如域名和描述，可能有选择地进行补充和说明。

### 7．Google Square

在网络搜索技术中人们梦寐以求的目标是能够以自然的语言提出简单的问题，并得到简单的答案。Google 宣布将 Google Squared 添加到其搜索结果中。2009 年推出的 Google Squared 为 Google 的搜索结果添加了额外的信息。Google 通过两个层面将该功能添加到其传统搜索结果中。首先，简单的查询，如凯瑟琳·泽塔琼斯的出生日期，这将在搜索结果中引出有用的数据：通过单击基于 Squared 提供的结果的"显示来源"，会列表显示 Google 是如何找到这个答案的。

其次，Google Squared 还用于为 Google 工具条（2010 年搜索巨头的另一创新）增加"不一样"的新功能：此功能提供了相关搜索，列出用户可能感兴趣的清单，由用户确定当前的搜索关键词。Google 也通报了 Rich Snippets 功能上的增强，Rich Snippets 功能同样也为谷歌的搜索结果增添了新信息——点评类数据。

### 8．Best Buy

2010 年的热议主题之一是语义网技术越来越多地被 Facebook 和 Google 这类大型

商业公司所用。美国领先的零售商百思买(Best Buy)是另一个在 2010 年凭借运用语义技术给人们留下深刻印象的大公司。具体来说,Best Buy 采用了 RDFa 的语义网标记语言向网页中加入语义。BestBuy.com 首席网站开发工程师 Jay Myers 今年早些时候接受读写网采访时说,使用语义技术的主要目标是提高 Best Buy 产品和服务的知名度。通过使用 RDFa 标记,如商店名称、地址、商店营业时间和地理数据的数据,搜索引擎能够更容易地确定每个组件数据,从而将它们投入语境。Myers 告诉我们,语义技术的使用,使得交易量增加,而他们也能更好地服务于客户。

### 9. Data.gov.uk

2010 年 1 月,由英国政府支持的 Data.gov.uk 发布非个人数据采集应用,可供软件开发商使用。半年后,美国政府推出了 Data.gov,但是从一开始这个网站就拥有 3 倍以上的数据。发布时,Data.gov.uk 已有近 3000 套数据集可供开发商用于混搭。到 2010 年年底,数据集已超过 4600 套。Data.gov.uk 是链接数据库的亮点之一。组织或政府向网络上传数据时,以能够被再次使用和建立的形式上传。链接数据库仅是广泛语义网发展的一小子集。

### 10. BBC 世界杯网

2010 年体育界的盛事就是被媒体广泛报道的世界杯。BBC2010 世界杯网站采用"动态语义发布"技术来提升和加强其每日世界杯报道。该网站有 700 多个专题网页,都由一个语义发布框架所支持。它包含一个综合本体(即一个概念图),动态输出自动化元数据驱动网页。这是一个让人印象深刻的实证:一个大型的主流的网站是怎样增加意义及结构的。

## 习　　题

1. 解释语义网的概念。
2. 简述语义网的体系结构。
3. 说明在语义网中本体的作用。

# 第 13 章

# RIA 和 HTML5

## 13.1 RIA

随着基于 Internet 的企业应用的增多,基于 HTML 的用户界面的缺陷越来越引起人们的重视,用户需要更好的客户端体验,RIA 技术应运而生。

### 13.1.1 RIA 的概念

Rich Internet Application 简称 RIA,中文翻译成"富因特网应用程序"。

RIA 的概念最早是由 Macromedia 公司于 2002 年提出,是集桌面应用程序的最佳用户界面功能与 Web 应用程序的普遍采用和快速、低成本部署以及互动多媒体通信的实时快捷于一体的新一代网络应用程序。

RIA 不是一个单一的实现技术,而是一种全新的平台体验的标准。它允许在因特网上以一种像使用 Web 一样简单的方式来部署富客户端程序,它比用 HTML 能实现的接口更加健壮、反应更加灵敏、更具有令人感兴趣的可视化特性。

RIA 中的 Rich Client(富客户端)提供可承载已编译客户端应用程序(以文件形式,用 HTTP 传递)的运行环境,客户端应用程序使用异步客户/服务器架构连接现有的后端应用服务器,这是一种安全、可升级、具有良好适应性的新的面向服务模型,这种模型由采用的 Web 服务所驱动,结合了声音、视频和实时对话的综合通信技术使 RIA 具有前所未有的网上用户体验。

### 13.1.2 RIA 的产生背景

企业级应用程序经历了几次系统架构方面的重要转变,从最初基于主机的应用程序,到客户机/服务器(C/S)应用程序,再到浏览器/服务器(B/S)应用程序。从 C/S 架构到 B/S 架构,这两者受限于技术本身分别发展成了重客户端和重服务器端的模式。

随着互联网应用的日益普及,Web 应用程序的复杂性越来越高,传统的基于 HTML 的应用程序虽然部署成本低、结构简单,易于学习和使用,然而某些复杂应用系统并不完全适合采用 HTML 技术,逐渐暴露出许多缺点。

由于 Web 模型是基于页面的模型，缺少客户端智能机制，只能通过刷新整个页面，将页面提交到服务端，用户才能够得到输入的反馈，而复杂的应用系统往往要求多次提取网页来完成一项事务处理，这将导致交互速度低得无法接受，也无法实现具有个性化的功能要求。另外，在复杂的企业计算和应用中，常常涉及复杂的数据逻辑关系，但是由于网络页面在数据探测和显示模式上的能力有限，往往很难表现出这种复杂的数据逻辑关系。

这就是被 Macromedia 公司称为的"体验问题"。为了满足 Web 浏览者更高的、全方位的体验要求，具有高度互动性和丰富用户体验的 RIA 技术应运而生。RIA 综合了 C/S 和 B/S 架构应用程序的优点，一方面我们拥有 B/S 架构的全部优点，另一方面通过 RIA 技术使得客户端具有类似 C/S 架构的数据处理能力。

### 13.1.3　RIA 的技术特点

RIA 作为新兴的 Web 解决方案，有大量自己固有的特点。RIA 将 Internet 的广泛性和丰富的用户界面结合起来，并实现了两方面的优势，既能广泛传播又易于发布和维护，同时又具有强大直观的用户界面，能够满足用户更高的、全方位的体验要求。

RIA 具有的桌面应用程序的特点包括：在消息确认和格式编排方面提供互动用户界面；在无刷新页面情况下提供快捷的界面响应时间；提供通用的用户界面特性如拖放式（Drag and Drop）以及在线和离线操作能力。RIA 具有的 Web 应用程序的特点包括如：立即部署、跨平台、采用逐步下载来检索内容和数据以及可以充分利用被广泛采纳的互联网标准。RIA 具有通信的特点则包括实时互动的声音和图像。

RIA 采用相对健壮的客户端描述引擎，这个引擎能够提供内容密集、响应速度快和图形丰富的用户界面。此外，数据能够被缓存在客户端，从而可以实现一个比基于 HTML 的响应速度更快且数据往返于服务器的次数更少的用户界面。

RIA 的应用程序模型图如图 13-1 所示。

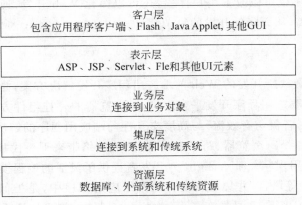

**图 13-1　RIA 的应用程序模型图**

## 13.1.4 RIA主流技术介绍

近年来随着技术的发展，出现了大量实现 RIA 的具体技术，包括 Flex、Ajax、Silverlight、Javafx、Laszlo、XUL 等。

### 1. Adobe Flex

Flex 是为满足希望开发 RIA 的企业级程序员的需求而推出的表示服务器和应用程序框架，是最早用于开发 RIA 的技术。

Flex 表示服务器提供基于标准的、声明性的编程方法和流程，并提供运行时服务，用于开发和部署丰富客户端应用程序的表示层。Flex 开发者使用直观的基于 XML 的 MXML 来定义丰富的用户界面。该语言由 Flex 服务器翻译成 SWF 格式的客户端应用程序，在浏览器插件 Flash Player 中运行，这也使得以 Flash Player 为客户端的 RIA 可以支持种类广泛的平台和设备。在很多需要复杂界面处理的地方都可以看到 Flex 的身影，例如，目前大多数的在线游戏都是通过 Flex 技术开发的。

### 2. Ajax

Ajax 是当前非常流行的 Web 开发技术，它并不是一门新的语言或技术，而是由 XHTML、CSS 和 JavaScript 等技术组合而成，其目的是根据标准的 Web 页面请求，给予用户一种应用程序式的体验。

其中，XHTML 和 CSS 实现标准化呈现，DOM 实现动态显示和交互，XML 和 XSLT 进行数据交换和处理，XMLHttpReuest 进行异步数据读取，JavaScript 绑定和处理所有数据。这些技术的组合改变了单个 Web 页面外观和更新数据的方式，其不需要针对服务器的额外页面请求。

Ajax 有很多成功的应用案例，如 Gmail、GoogleMap 和 Backbase 等。作为 RIA 的一种实现技术，Ajax 不仅可以改善用户体验，还可以简化 Web 开发，通过将页面高度模块化，数据与表现分离，从而降低开发的复杂度。

### 3. Silverlight

Silverlight 是微软所开发的 Web 前端应用程序开发解决方案，是微软丰富型互联网应用程序策略的主要应用程序开发平台之一，以浏览器的外挂组件方式，提供 Web 应用程序中多媒体（含影音流与音效流）与高度交互性前端应用程序的解决方案。

Silverlight 是一个跨浏览器、跨平台的插件，为网络带来下一代基于 .NET 媒体体验和丰富的交互式应用程序。Silverlight 为开发者提供了灵活的编程模型，支持 Ajax、VB、C♯、Python、Ruby 等语言，并集成到现有的网络应用程序中，是类似于 Flash 相同的解决方案。微软于 2010 年 12 月发布了 Silverlight 5 版本，将更加注重丰富媒体体验和企业应用开发。

### 4. JavaFX

作为 Adobe Flex 和微软 Silverlight 的竞争对手，JavaFX 是 Sun 针对 Java 开发者推出的战略。JavaFX 目标是提供新的基础平台来创建跨桌面、跨网络、跨移动设备的 RIA 富互联网应用。

JavaFX 提供了一个运行时和工具套件，Web 脚本编写者、设计者和开发者可用其快速构建和交付适用于台式机、移动设备、电视和其他平台的下一代富互联网应用程序。JavaFX 工具套件将为开发者提供创作工具，帮助弥补用户体验设计与开发逻辑之间的差距，为设计者和开发者带来前所未有的协作途径。

# 13.2　HTML5

HTML5 是近十年来 Web 开发标准的巨大飞跃，它将会从根本上改变 Web 的体验方式。

## 13.2.1　HTML5 的概念

HTML5 是下一版本的 Web 核心语言 HTML 的规范。

和以前的版本不同，HTML5 并非仅仅用来表示 Web 内容，它的使命是将 Web 带入一个成熟的应用平台，它将包括更强大的用于交互、多媒体和本地化等方面的标签以及应用编程接口 API，在这个平台上，视频、音频、图像、动画，以及同计算机的交互都被标准化。

HTML5 提供了一系列新的元素和属性，例如＜nav＞（网站导航块）和＜footer＞。这种标签将有利于搜索引擎的索引整理，同时更好地帮助小屏幕装置和视障人士使用，除此之外，还为其他浏览要素提供了新的功能，如＜audio＞和＜video＞标记。一些过时的 HTML4 标记将被取消，其中包括纯粹显示效果的标记，如＜font＞和＜center＞，它们已经被 CSS 取代。

## 13.2.2　HTML5 的发展现状

作为构建互联网的基础标准之一，HTML 很少升级，最近的一次升级是 1999 年发布的 HTML 4.01，此后长达十年的时间 HTML 一直没有进行真正的升级。1999 年至今是 Web 高速发展的时间，现在的 HTML 版本已经无法适应现在的 Web 内容与应用。

HTML5 原名 Web Applications 1.0，于 2004 年由 WHATWG 提出，2007 年被 W3C 接纳，2008 年 1 月第一份正式 HTML5 草案发布，此后经历了多次更新，最新的进展情况可见 W3C 官方网站 http://www.w3.org/TR/html5/。HTML5 的出现旨在提高 HTML 的交互运行，支持当前复杂多样的 Web 内容，同时解决 HTML4 在 Web 应用功能上的欠缺。目前，HTML5 标准仍处于完善之中，HTML5 标准的全部实现也许要到 2022 年以后。

　　HTML5 技术的推广离不开各大浏览器厂商的支持,目前苹果的 Safari、谷歌的 Chrome、Mozilla 的 Firefox、Opera Software ASA 的 Opera 均不同程度的支持 HTML5,微软也表示 IE9 将支持某些 HTML5 特性。可以通过一个专门测试浏览器 HTML5 能力的网站 http://html5test.com 来测试您的浏览器对 HTML5 标准的支持情况。

## 13.2.3　HTML5 新特性

　　HTML5 提供一系列新的元素和属性,带来了很多新功能,以及 HTML 代码上的改变。

### 1. 新的视频、音频支持

　　HTML5 提供了对多媒体标签的支持。多媒体对象将不再全部绑定在<object>或<embed tag>标签中,视频、动画、音频等多媒体对象可以像图片那样直接嵌入网页,无须第三方插件(如 Flash)的参与。HTML5 将提供多个 API 包括<video>、<audio>标签直接播放 Web 视频和音频,真正实现基于标准的富 Web 体验。

### 2. 绘图画布

　　Canvas 标签将给浏览器带来直接在上面绘制矢量图的能力,这意味着我们可以脱离 Flash 和 Silverlight 插件,直接在浏览器中显示 2D 和 3D 的图形或动画。控制 Canvas 绘图的语言是浏览器内置的编程语言 JavaScript,可以通过与在服务器运行后台程序的配合完成复杂的应用程序,如在 Web 页面中绘制股票价格走势图。

### 3. 智能表单

　　HTML5 Web Forms 2.0 对目前的 Web 表单进行了全面提升,包括:基本类型与验证功能、部分 Form 对象更多允许的行为、输入类型的扩展功能、提交按钮的扩展功能、对意外的处理功能、Form 对象的事件模型、更新的 Form 提交细则,在保持简便易用特性的同时,无须附加大量代码而实现更灵活的表单设计。

### 4. 离线存储

　　离线存储功能允许 Web 客户端应用程序在离线状态下工作并在本地存取数据。它可以自动检测当前的网络状态来确定是从本地数据库存取内容、还是和服务器同步数据。有了离线 API 就可以在没有网络的时候继续运行程序,待网络恢复后再与服务器同步,不需要担心数据会丢失。同时,由于数据不是由每个服务器请求传递的,而是只有在请求时使用数据,它也使在不影响网站性能的情况下存储大量数据成为可能,现在的 Google Gear 就提供类似的功能。

### 5. 地理定位

　　地理定位功能可以经过用户许可后获得当前用户的地理坐标,以提供更加本地化的服务。如用它来定制搜索结果、博客更新等,位置感知设备就是利用这种技术的一次伟大创新。

## 13.2.4　HTML5 与 RIA

　　如今的 Web 世界已经习惯了各种插件和 API,现在流行的 RIA 解决方案如 Flash、Silverlight、JavaFX 等都需要安装客户端插件,而 HTML5 却旨在消除富互联网应用程序对浏览器插件的依赖,不需要使用插件也能一定程度上达到相同的效果。关于 HTML5 是否会代替主流 RIA 技术,各方观点不一,其中以 HTML5 与 Flash 的争论最大。

　　Flash 作为当下主流的 RIA 技术,数十年的积累使其拥有极深的根基,而 HTML5 将提供原生态的视频和音频流支持,但是从目前看来我们无法拥有一个统一的多媒体体验,因为苹果、Mozilla、Opera、微软和谷歌并没有达成一致意见,无法在提议的 HTML5 规范中使用一个统一的音频和视频编码标准。

　　不管它们未来的争斗如何,至少对现在来说,现行的 RIA 技术不会失去其存在的意义,它们仍会继续发展,这和 HTML5 并不冲突。HTML5 作为一项基础平台,就像 HTML4 和 Flash 的关系一样,一方面 HTML5 和 Flash、Silverlight、JavaFX 各自有不同的适应场景;另一方面 HTML5 还会促进 Flash、Silverlight、JavaFX 向更广阔的未知领域探索与创新。

　　富互联网应用(RIA)是 Web 应用的未来发展趋势,随着 HTML5 的标准化、普及化,势必让 RIA 概念指导下的互联网应用真正流行起来,作为基础平台的 HTML5 也必将把 RIA 的概念展现得淋漓尽致。

## 习　　题

1. 解释 RIA 的概念。
2. 简述 HTML5 的新特性。